U0279028

筑苑002

筑苑·藏式建筑

主编　马扎·索南周扎　郭连斌

中国建材工业出版社

图书在版编目(CIP)数据

藏式建筑 / 马扎·索南周扎，郭连斌主编. — 北京：中国建材工业出版社，2017.3 （2020.3重印）

（筑苑）

ISBN 978-7-5160-1717-3

Ⅰ. ①藏… Ⅱ. ①马… ②郭… Ⅲ. ①藏族-民族建筑-建筑艺术-研究-中国 Ⅳ. ①TU-092. 814

中国版本图书馆 CIP 数据核字（2016）第 279178 号

筑苑·藏式建筑

马扎·索南周扎　郭连斌　主编

出版发行：中国建材工业出版社

地　　址：北京市海淀区三里河路 1 号

邮政编码：100044

经　　销：全国各地新华书店

印　　刷：北京中科印刷有限公司

开　　本：710mm×1000mm　1/16

印　　张：10. 5 印张

字　　数：152 千字

版　　次：2017 年 3 月第 1 版

印　　次：2020 年 3 月第 3 次

定　　价：38. 60 元

本社网址：www. jccbs. com　　微信公众号：zgjcgycbs

广告经营许可证号：京海工商广字第 8293 号

本书如出现印装质量问题，由我社市场营销部负责调换。联系电话：(010)88386906

筑苑 · 藏式建筑

投稿邮箱：zhangqu@jccbs.com.cn
联系电话：010-88376510
传　　真：010-68343948

筑苑微信公众号

中国建材工业出版社
《筑苑》理事单位

目　录

藏式建筑历史文化类

01 | 论藏族房屋建筑的发展历程及其特点 …………… 罗桑开珠　001

02 | 从历史文献记录中看藏传佛教建筑的选址要素

与藏族建筑环境观念 ……………………… 周　晶　李　天　011

03 | 古碉探源 ……………………… 马扎·索南周扎　郭连斌　022

04 | 论藏族宗堡建筑的文化内涵 ………………… 龙珠多杰　028

05 | 浅谈藏族牧区帐篷建筑及其文化特点 ………… 卡毛措　038

藏族建筑文化艺术类

06 | 论藏族民居装饰的嬗变 ……………………… 夏格旺堆　048

07 | 西藏近代建筑艺术概述 ……………………… 张亚莎　067

08 | 一个活着的博物馆——藏娘八寨的传统村落

……………………………… 昂　青　杨启恩　李文珠　084

09 | 布达拉，一个建筑师朝圣之旅 ………… 马扎·索南周扎　099

藏族传统建筑技艺及现代建筑设计类

10 | 浅谈大夏河流域藏族民居建筑的平面组合方式

及其特点 ……………………………………… 张晓林　103

11 | 康巴藏区木框架承重式碉房的类型研究

…………………………………… 王及宏　张兴国　111

12 | 戳在河湟大地上的黄泥大印——青海庄廓民居

…………………………………… 李文珠　杨启恩　117

13 | 藏族传统建筑技艺田野调查 ……………… 张　飞　郭连斌　130

14 | 随谈喜玛拉雅文化视野下现代建筑师的艺术修养

和思维结构 ……………………………… 马扎·索南周扎　140

15 | 喜马拉雅建筑与明轮藏建 ……… 马扎·索南周扎　郭连斌　146

论藏族房屋建筑的发展历程及其特点

罗桑开珠[1]

藏族建筑在藏族文化宝库中是一颗光彩夺目的明珠（图 1)。藏族人民在其历史发展过程中，依据本地的自然环境、社会环境、生产环境和文化理念在建筑学领域中不断探索，逐渐形成了具有民族特色的建筑风格，并在与周边民族和地区文化交往中积极吸收、借鉴先进的建造技术及优美的建筑风格，不断完善自己的建筑风格特征，不断提高建筑的文化元素及寓意，使藏式建筑不仅在我国建筑史上占有重要的地位，就是在世界建筑史上也写下了不朽的篇章。

图 1　布达拉宫全景

1　藏族房屋建筑的发展历程分类

建筑是人类生存的基本需求，同时也是人类文化的载体。藏族建筑与藏族社会的发展历史并驾齐驱，藏族传统建筑所承载和传递的也正是藏民族的发展历史和文化个性，这种文化个性是在其民族历史发展过程中形成的。不同时期的文化个性特征犹如长江后浪推前浪，在历史发展的长河中不断演进更替，而被遗存的不同时期建筑物再现着那个时期的历史及文化个性特征，

1　罗桑开珠，中央民族大学藏学研究院教授。

从而显现出藏族建筑的发展和巨变。

从藏族建筑发展历史看，藏族传统建筑经历了原始时期、萌芽时期、雏形时期、发展时期、成熟时期、定型时期和现代时期。

关于藏族建筑发展历程，学术界还有另一种传统划分方法：一是史前时期，其中包括原始时期和雅隆王统时期；二是吐蕃王朝时期，其中包括吐蕃王朝时期和后吐蕃时期（割据时期）；三是政教合一时期，其中包括萨迦、帕竹和格鲁政权时期；四是现代时期。由于学术界注重研究藏族传统建筑，很少有人研究现代藏族建筑，所以藏族现代建筑部分没有列入其中。但笔者觉得这段藏族建筑历史十分重要，故将其列入其中。从藏族建筑发展划分时段及内容看，与前面的分类基本相一致，只是粗细详略之别。前面笔者的藏族建筑发展历程分类法与杨嘉铭、赵心愚、杨环著的《西藏建筑的历史文化》划分方法基本一致，本文以学术界传统的藏族建筑历史划分方法和笔者的藏族建筑发展历程分类方法相结合进行解读。

虽然藏族建筑的发展历史不是依据藏族社会的发展历史进行划分的，而是建筑自身的发展特点为依据划分的。但是，社会发展及社会变革却深刻影响和改变着建筑功能、建筑布局、建筑理念。故而藏族建筑的发展历程与藏族社会的发展历史基本相一致，只是体现出建筑自身的形制特征的发展变异。

2 史前时期藏族房屋建筑的发展历程及特点

2.1 藏族建筑原始时期

藏族建筑原始时期是指青藏高原的古人类在旧石器时代的建筑物，其时段大约划定在青藏高原远古人类生存以来至旧石器时代，这个时期青藏高原古人类的建筑主要体现在自己居住的洞穴上。支撑这个观点的主要资料有：一是以《国王遗教》、《西藏王统记》等史籍中载有青藏高原人类祖先猕猴遵循观音菩萨之命在扎若波岩洞中修道。虽然这个岩洞颇难确定是天然还是人工建造，但是，它就是原始人类生活居住的地方。二是以杜齐的《西藏考古》为主的近现代考古发现资料。杜齐在藏西部鲁克、努扎和昆仑等地发现了原始洞穴，并记载："西藏的洞穴数量极多，有的是孤零零的一个洞穴，有的是成群的洞穴。另外在拉孜和羊卓雍湖附近也有些洞穴，很显然，史前时期曾有人在这里居住过"。[1]此外，"由青藏高原考察队在四川甘孜藏族自治州炉霍县卡娘乡泥巴沟发现一座石灰岩洞穴，在洞穴中发掘出二十多种动物化石、打制磨光的石器、骨器和1颗原始人类的牙齿，被认为是旧石器时代晚期当地先民的遗物"。[2]三是全世界的原始人类无一例外地居住于天然岩洞或人类自己开凿的洞穴之中。藏族先民的建造居住也在其范畴之列。这个时期青藏高原古人类居住在天然山洞之中，目前还没有发现旧石器时代古人类自己开凿的洞穴，更谈不上其建造理念和文化特征。

2.2 藏族建筑萌芽时期

藏族建筑萌芽时期是指青藏高原的古人类在新石器时代的建筑物。其时段大约划定在新石器时代至玛桑九兄弟时代。新石器时代在藏区已经出现的建筑文化遗址有卡若文化遗址、林芝云星文化遗址、墨脱文化遗址、曲贡文化遗址和乃东文化遗址等多处，"其中颇具代表性的有3处，一处是西藏自治区昌都附近的卡若文化遗址；另一处是四川省甘孜藏族自治州丹巴县中路文化遗址，再就是青海海东地区卡约文化遗址。它们基本反映了青藏高原在新石器时代藏族先民对建筑的初步理解和基本历史面貌"。[3]西藏昌都卡若文化遗址在约1800平方米的范围内，发掘出31座房屋遗址、1个窖穴、数个灰坑和2条石墙，以及卵石堆积的石台和石板铺砌的道路迹象。从已发掘的部分遗构形制，在平面图形式、结构构造、柱洞基础、墙身砌筑、地坪防潮、遗址选择等方面，都反映了卡若原始文化具有较高的营建水平，其中聚落规模之大，建筑遗构之完整，房屋种类之丰富，叠层关系之清晰，是我国自中原仰韶文化以来，少数民族边疆地区的首次重要发现。[4]这个时期的房屋建筑经历了三个不同时期的形制特点，同时已呈现出区域性特点。新石器时代早期的半地穴窝棚式，即往地下挖土造坑，以木草覆盖窝顶或以木构架筑坡屋顶。中期的半地穴棚屋式，即在地坑之上筑墙或背依山坡而三面砌墙，以梁、柱木构架修建房屋，而且从单室发展至双室。晚期以地面建筑为主，摆脱了依赖于自然物体而筑屋的现象，完全是砌墙筑房，而且已懂得依山傍水、坐北朝南的建筑知识。在新石器时代晚期的建筑格局中呈现出家庭式房屋建筑和公共式房屋建筑。除此之外，这个时期已经形成了区域性建筑风格特征。

继卡若遗址的发掘之后，在我国藏区众多的考古发掘中，再次出现属于新石器时代建筑遗存，其中四川省甘孜藏族自治州丹巴县中路乡遗址和青海卡约文化遗址具有明显的区域性民族建筑特点。丹巴县中路的碉式建筑及其石砌技术已趋成熟，这一建筑技术和类型特征迎来了古代嘉绒藏区的高碉建筑的活跃和发达。从卡约文化遗址建筑当中可以看出，新石器时代在甘青藏区出现了以泥土夯筑技术为主的建筑类型，这与当地自然资源和西北黄土文化的影响有密切的关系。

2.3 藏族建筑雏形时期

藏族建筑雏形时期是指六牦牛部落到吐蕃王朝之前的雅隆王统时期。这个时期具有代表性的藏族建筑物有堡寨式宫殿、大石建筑、墓葬建筑和帐篷建筑。

堡寨式宫殿建筑是指藏区各地方头领在山岗之上修筑的具有碉楼建筑风格的官邸。青藏高原新石器时代就进入了原始氏族社会，其中的早、中期是以女性为本位的“母系氏族社会”，晚期则转入以男性为本位的“父系氏族社会”。各部落之间以物易物的交换业已出现。父系氏族社会时期私有制萌芽已出现，同时也是原始社会向人类第一个阶级社会奴隶社会过渡的时期。以“小邦”为单位的阶级社会，始终处在兼并或被兼并征战之中，藏文史籍也记载：“在各小邦境内，遍布一个个堡寨”，而且“小邦喜欢征战残杀”。由此可以断定早期小邦和后期的部落割据时期产生的碉式建筑，最初可能是适应战争的需要，其作用在于防范敌对的进攻，故应带有明显的军事要塞性质。后来形成了典型的土著碉式建筑风格，并且成为影响藏族传统建筑的一条主线。聂赤赞普时期修建的雍布拉宫是藏族第一座堡寨式宫殿建筑，也是这个时期的标志性建筑，它既承袭了各小邦时期的堡寨功能和特点，又为藏族碉式建筑的发展起到了启后的作用。

据史料记载，从聂赤赞普起至囊日伦赞时止（即公元前 2 世纪至公元 6 世纪末），雅隆王统陆续修建了碉式王宫，悉补野部第一位赞普聂赤修建了雍布拉宫，第三代丁赤赞普建造了苯教城堡"科玛央孜宫"，第四代索赤赞普修建苯教城堡"固拉固切宫"，第五代德赤赞普修建苯教城堡"索布琼拉宫"，第六代赤贝赞普创建了苯教城堡"雍仲拉孜宫"，第七代王止贡赞普修建了苯教城堡"萨列切仓宫"。从雅隆王统第九代赞普布德贡杰时起至第十五代赞普意肖烈时止，在雅隆河谷的青瓦达孜山上，曾先后兴建了达孜、桂孜、扬孜、赤孜、孜母琼结、赤孜邦都六座王宫，其中雍布拉宫和青瓦达孜宫最负盛名。这些王宫一直还保持着早期小邦时期堡寨的建筑形式。

碉式建筑的发展不仅仅于雅隆地区，在今四川的甘孜、阿坝藏区，其建碉技术就已十分发达。最早见于《后汉书》，《后汉书·南亦西南夷列传》中载："皆依山居止，累石为室，高者十余丈，为邛笼。"

藏族建筑雏形时期在藏西和藏东地区都出现了碉式建筑，从这一时期整个藏族房屋建筑而言，它不是唯一的主体建筑。但是它却代表了当时建筑的最高水准，较为集中地体现了藏式碉房的建筑风貌。

碉式建筑是由石材、木材、黏土构成的混合建筑物，其建筑材料是就地取材，并直接使用建造，有利于建筑材料多次使用。这时期在藏族建筑当中体现出社会的阶级等级、农牧生产分工和军事冲突频繁等特点。

3 吐蕃王朝时期藏族建筑的发展历程及特点

这一时期根据藏族建筑的发展历程及特点可划分为：吐蕃王朝时期的藏族建筑发展时期和分裂割据时期的藏族建筑多元一体时期。

3.1 藏族建筑发展时期

藏族建筑发展时期是指松赞干布领导建立的吐蕃王朝 200 年余的历史时

期。这个时期是藏族历史上高度统一的时期，是青藏高原的藏族社会大发展、大变革的时代，也为藏族建筑发展带来了广阔的空间、极好的机遇。

公元7世纪30年代，在松赞干布的领导下，藏族社会由部落割据的社会形态跨入了具有统一的政治体制、统一的民族范畴、统一的文化体系的吐蕃王朝时期。松赞干布对藏族社会进行了大刀阔斧的政治体制改革，发展社会经济和加强民族文化建设。其中拉萨都市建设是非常重要的举措，它标志着西藏历史上一场划时代的伟大变革；它标志着在藏族历史上延续了几千年的部落小邦时代宣告结束，从而被一个统一的吐蕃王朝所代替，也就是说藏族社会从奴隶制部落邦国向奴隶制王国转化过程已经完成。这个时期藏族建筑主要体现在拉萨都市建设和桑耶寺建设。拉萨都市建设主要包括：布达拉宫的兴建、查拉路甫石窟的建造、拉萨大堤的修建、拉萨八角城及大昭寺和小昭寺的修建。

从吐蕃王朝拉萨都城建筑特点看，“（1）社会功能性建筑有了新的拓展。（2）建筑规模和营造技术空前发展。（3）出现了一些新型的建筑材料。（4）建筑的艺术形象已经崭露头角。（5）掌握了建筑水下施工技术。（6）外来文化的影响在建筑中的表现比较明显”。[5]（7）布达拉宫顶饰的长矛、旗帜及门外的璎珞栏杆马道等建筑物反映了其军事治国社会性质。吐蕃内部社会形态的变革以及外部与大唐帝国和尼泊尔政治联盟和文化交往，是藏族建筑文化空前发展的主要因素。

3.2 藏族建筑多元一体时期

藏族建筑多元一体时期是指吐蕃王朝崩溃后藏族社会处于分裂割据时期。这个时期经历了四百余年的历史，青藏高原的藏族社会由统一的政权走向各地方势力各自为政的割据时期。这个时期较大的地方势力有桑耶地方政权、古格地方政权、唃厮罗地方政权、六谷部地方政权、亚泽地方政权、拉达克地方政权等。其中古格王城建筑遗址具有代表性，既保持了以山岗或山坡为营建特点，又保持了军事防御性建筑布局，既继承了王宫建筑基本功能，又继承了利用自然物或就地取材方法，更重要的是形成了集宫殿、佛

殿、民居、军事建筑为一体的格局。建筑功能、佛教艺术和自然环境的有机结合，对后来藏族建筑的装饰审美产生了根本性影响。

4 政教合一时期藏族建筑的发展历程及特点

这一时期根据藏族建筑的发展历程及特点可划分为：藏族建筑转型时期、藏族建筑成熟时期和藏族建筑定型时期。

4.1 藏族建筑转型时期

藏族建筑转型时期是指萨迦政权统治时期。萨迦地方政权时期是藏族历史上的一个重要转折时期，即西藏地方分裂割据局面在元朝中央领导和支持下走向统一，其次西藏地方政权归属于中央王朝后，不仅在经济上得到了强有力的支持，而且区域贸易开放，使西藏经济趋于快速发展。同时处在与中原等地区空前的文化交往时期，在这种历史背景下，藏族的建筑风格和建筑理念发生了一些变化，被藏学界称为藏族建筑转型时期。其建筑风格和建筑理念变化主要表现在如下三个方面：一是政教合一的社会制度融入到建筑领域之中，修建了藏族历史上第一座寺宫合一的建筑物；二是第一次在平原上建造宫殿和寺院；三是第一次采用汉式护城河和城墙院落的建筑特点。这个时期藏族标志性建筑为萨迦寺和夏鲁寺。夏鲁寺是藏汉建筑艺术相结合的典范。由于这种建筑造型优美，风格气派，成为后来的藏族寺院建筑、宫殿建筑、大贵族园林建筑范例。

4.2 藏族建筑成熟时期

藏族建筑成熟时期是指西藏帕竹政权统治时期。这个时期由于明朝对西藏所施行的宽松政治统治制度和“多封众建”的政策，吸引了众多的藏族社会地方势力和宗教领袖入京请封，明朝廷也对归附的藏族僧俗首领都授官封号，尤其是帕竹政权的开创者大司徒绛曲坚赞所采取的一系列政治体制改革、经济发展措施迎来了西藏社会稳定、经济发展和文化繁荣景象。这一社会环境为藏族建筑的个性化发展提供了良好的条件和机遇。学术界将帕竹政权时期称为藏族建筑的成熟时期。帕竹政权时期标志性建筑有庄园建筑、宗堡建筑、佛塔建筑、桥梁建筑、格鲁派西藏的四大寺院等。

庄园建筑是依附于西藏地方政府的封建贵族统治佃农、差巴的大宅府。西藏庄园按其所有制可分为贵族庄园、官府庄园和寺庙庄园。其建筑由一个中心和若干附属建筑构成，具备了一个微型政府的基本功能。以墨竹工卡甲马赤康庄园为例：中心建筑为四层楼房，一层是惩罚农奴的行刑室，内有各种刑具和武器；二层是大小管家处理庄园事物的地方；三层是贵族居住的生活区；四层是供奉三宝的经堂。门前有供贵族们娱乐的跳神场，城外有赛马场和园林等建筑。宗堡建筑亦与庄园建筑格局和功能基本相同。卫藏地区格鲁派四大寺院建筑的基本特点也是由一个中心和若干附属建筑构成：即以讲经传法的大经堂为中心建筑，围绕大经堂而修建了佛殿、护法殿、祖师殿、各学院、藏经殿、僧舍、伙房、经廊、佛塔、展佛台等建筑设施。寺院的这种建筑布局和功能设施对当时和后来寺院建筑起到了仿效作用。

4.3 藏族建筑定型时期

藏族建筑定型时期是指格鲁派政权统治时期到藏区社会主义政权建立之前。格鲁派在清王朝的支持下，不仅在藏区形成了强大的教派势力，而且在其他民族和地区得到了扩展。尤其是由于政治的需要，清政府将雍王府改建成藏传佛教皇家寺院。藏族建筑不仅在京城粉墨登场，而且直接深入到皇宫内院、皇家园林及皇帝陵墓建筑中。

格鲁派统治时期，藏族建筑从规模到营造技术，从建筑质量到装饰水平都得到空前的发展。这个时期具有代表性的藏族建筑有布达拉宫的重建和扩建、以罗布林卡为典范的藏区园林建筑、塔尔寺的重建和扩建、拉卜楞寺的创建、拉萨宁玛教派寺院多杰扎寺、敏珠林寺，康区的竹庆寺、白玉寺都创建于格鲁派执政时期。同时藏族建筑从西藏向中原等地区伸延，在五台山、北京、承德、内蒙古等地修建了具有重要影响的藏式建筑。但是，从建筑的风格、布局、结构及其内外装饰上看，几乎没有超脱明代帕竹时期的藏族建筑特点及范畴，只是将藏式建筑趋于模式化，从学术角度讲，格鲁派时期的藏族建筑形成了民族风格的定式。

5 藏族现代建筑的发展历程及特点

藏族现代建筑时期是指新中国成立后藏族社会所涌现出来的建筑风格特征。现代藏族建筑风格虽然出现于 20 世纪前后，但是，它经受了半个世纪现代建筑文化的影响、现代建筑设施的使用、现代建筑人才的培养，以及民族传统建筑风格与现代建筑功能特点相融合的探索。

20 世纪 50 年代，藏区各地方陆续得到解放，建立了人民政府及其相关机构。这些机构的办公场所和工作人员的住所亟待解决。当时国家处于百废待兴、恢复生产、摆脱战后经济困难的社会状态。各级地方政府也依靠自力更生，生产自救。所以，既没有经济能力也无暇考虑到各种设施建设中的民族文化个性，于是藏区地方政府的各类建筑设施的基本类型是以汉式砖瓦平房建筑为主，兼有藏式土木平顶建筑。

自 1966 年“文化大革命”开始，全国掀起批判“四旧”运动，建筑遭到了空前的毁坏，许多古寺名刹作为宗教迷信活动的基地被拆毁，因而也就没有藏式建筑文化发展的空间。

自 1978 年以后，党的民族宗教政策落实，藏区大兴土木，重建或维修被“文化大革命”破坏的寺院，其规模而言就有三方力量参与恢复建设：政府投资修复文物古迹及名寺古刹，各寺院及当地群众积极投入本地区寺院恢复建设。从建筑特点看，保持了修旧如旧、恢复原样的建筑基本特点。同时也应用了一些新的建材和现代建筑技术。

经过 20 年的改革开放，国家经济得到了快速的发展，广大人民群众的衣食住行得到了大幅度的改善，尤其是在党中央和全国人民的支援下，西藏的社会主义现代化建设得到了跨越式发展，有力地促进了民族文化事业的发展。随着藏区旅游事业的发展和中央对于文化建设、生态建设的要求，藏区地方政府注重文化特色、区域特色建设，而且追求高品位、高层次、高水平的地区民族文化建设，于是拉开了藏族现代建筑的序幕。藏族现代建筑不是时代概念，而是包涵文化特质，即具有传统的文化元素和时代文化特征的建筑作品。

社会主义制度和文化是藏族现代建筑形成和发展主要因素。藏族现代建筑使用领域较为广泛，打破了旧社会藏族大型建筑、豪华建筑只限于寺院、官府和贵族三大领主的范畴，第一次建造大量的公共设施建筑，第一次将藏区的主要建筑转变为社会大众服务。据不完全统计，现在藏区县以上几乎都修建了中小学、博物馆、图书馆、宾馆、剧院、医院、车站、电站、政府各机关，尤其是一般的民居建筑豪华程度超越于旧西藏的贵族庄园。从现代藏族建筑的文化个性而言，以传统汉式屋顶、寺院装饰、宫殿风格、现代建筑功能及布局相结合，使人感受到藏族现代建筑打破传统的僧俗界限、阶级等级差异，吸取了藏族传统建筑的精华部分，而且使其插上了时代的翅膀，是民族性和时代性完美结合的产物。

在上述藏族建筑发展历程中，吐蕃王朝时期、帕竹时期和社会主义时期是藏族建筑质变和发展时期，尤其是社会主义时期藏族建筑发展速度超越了整个藏族建筑的发展历程，民族化文化个性和时代性功能特征分外妖娆。

参考文献

[1] 杜齐. 西藏考古 [M]. 向红茄译. 西藏：西藏人民出版社，2004.

[2] 康定民族师专编写组. 甘孜藏族自治州民族志 [M]. 北京：当代中国出版社，2009.

[3] 杨嘉铭，赵心愚，杨环. 西藏建筑的历史文化 [M]. 青海：青海人民出版社，2003.

[4] 江道元. 西藏卡若文化的居住建筑初探 [J]. 西藏研究，1982 (3).

从历史文献记录中看藏传佛教建筑的选址要素与藏族建筑环境观念

周　晶　李　天[1]

藏式建筑是藏族物质文化与精神文化高度统一的产物，是藏族崇尚自然、顺应自然的完美体现，也是藏族独特审美情趣与高超建造技术的结合。现有研究表明，西藏最初的宗教建筑多是以印度著名佛教寺院为蓝本，并在来自印度、尼泊尔等地的高僧指导与协助下修建的。从平面布局到建筑装饰，虽然经过历史上多次改建与修整，仍然在一定程度上表现出异域建筑风格，如拉萨大昭寺平面布局，据说仿照的是印度那烂陀寺，山南桑耶寺仿照的是印度飞行寺等。在藏族史籍《后藏志》中，也记载着某些后藏寺院仿照印度名寺，或者由来自尼泊尔的高僧督造修建。需要指出的是，不论是印度和尼泊尔建筑艺术，还是毗邻的汉式建筑样式，都没有在根本上影响藏传佛教建筑自身风格的形成和发展。在佛教建筑传入西藏之初，藏族就已经将外来建筑风格与样式进行了选择性引进和吸收，并将其核心要素与本地建筑进行了巧妙融合，逐渐形成了独立于其他建筑体系之外的形式与风格，如桑耶寺就因为其藏式、汉式与印度建筑风格的有机结合，被称为“三样殿”。

可以说，藏传佛教建筑的独特魅力除了表现在鲜明的建筑形式与风格之外，其建筑的选址起到至关重要的作用。藏式建筑独特的柱网结构、坚实收分墙体、醒目的梯形窗套以及艳丽的立面装饰，使得耸立在山巅之上，河谷之滨的寺院、城堡和宫殿更显夺目。建筑或者依山就势，或者包山而立，除

1　周晶，李天，西安交通大学人居环境与建筑工程学院。论文出处：《建筑学报》，2010.S1，第78-81页。

了考虑宗教象征意义之外，选址在社会因素、自然环境因素方面的考虑，才是造就藏传佛教建筑独特性的关键。

1　藏传佛教建筑选址要素

1.1　建筑选址的宗教因素

西藏一向被称为“雪域佛国”，宗教既作为思想，也作为生活方式，统治着社会生活的各个方面，自然对藏式建筑的设计思想和设计理念产生重要影响，尤其对营造建筑形式与组织建筑空间，在主观和客观上起着重要的引领作用。在西藏历史上，与传统建筑设计有关的理念主要有四种，即“天梯说”、“女魔说”、“坛城说”与“金刚说”，前两种思想与原始宗教信仰有关，后两种则是佛教哲学思想的反映。这四种设计思想既是西藏社会发展进程的反映，也是藏传佛教逐渐成为社会生活主宰的过程。

所谓的“天梯说”，是西藏进入王权社会的产物。藏族认为，高处可以带来好运气，因此，权力的象征和职能占据着高处。西藏第一位赞普聂赤赞普是“天上的天神”，死后会像彩虹一样消失，他登天的天梯就是山体。在西藏，我们至今可以看见画在山腰岩石上的天梯图案。藏族对登天理想最初的具体实践是位于雅隆河谷的山岗上，由聂赤赞普修建的西藏第一座宫殿——雍布拉康。这里最初的建筑据说修建于2000多年以前，是宫殿修建在山顶的开始。

“女魔说”出现在公元6世纪之后，由进藏和亲的唐朝文成公主提出。史籍记载，文成公主到达拉萨之后，要为所带去的佛像造一座佛堂。公主在推算之后指出：“此雪邦地形如岩女魔仰卧之状，其中卧塘湖（大昭寺地址）为魔女心血，红山及夹波日山作其心骨形状，若在此湖上供奉释迦牟尼像，而山顶又有赞普王宫，则魔必治矣。其周围地脉风水，各有胜劣之分。其胜者，东方地形如灯柱竖立，南如宝塔高耸，西如螺杯置于供架，北如莲花开放。”[1]文成公主还建议在魔女肢体上建立12座寺庙，用以镇压魔力。她主

持在魔女的心脏部位，排干了湖水，用山羊填土修建了西藏第一座皇家寺院大昭寺。其余的 12 座寺院则多位于当时的边镇。所谓的用寺院镇压女魔，显然是为当时佛教在藏地传播，压制苯教或者敌对势力所做的必要舆论与物质准备。

“坛城说”开启了以藏式建筑形象表现佛教宇宙观的历史过程，世界的中心是须弥山，以此山为中心，取 5 万由旬（古印度长度，佛学常用语，指公牛挂轭行走一日之旅程）为半径画圆，再取 2.5 万由旬画圆，便形成了宇宙的四大洲和八小洲。以须弥山为轴心，分布着天界、人类和畜类生活的中界以及黑暗的地界。西藏第一座佛法僧三宝俱全的桑耶寺，是在赤松德赞的主持下，由印度高僧寂护、莲花生等策划，于公元 8 世纪后半期建成的。桑耶寺位于山南扎囊县雅鲁藏布江北岸的哈布日山下，依山临水，是以乌策大殿代表须弥山，以大殿的东、西、南、北 4 座神殿代表四大部洲，以四大神殿左右各两座小神殿象征八小洲，以大殿周围代表方位的 4 座佛塔、圆形围墙以及墙上的 108 座小塔构成的立体坛城。关于该寺的选址，记录桑耶寺建造过程的《拔协》，引用了莲花生大师的这样一段话：“东山好像国王稳坐宝座，实在佳妙；小山东有如母鸡卵翼雏鸡，实在佳妙；药山好像宝贝堆积，实在佳妙；麦雅地方宛似骡马饮水，实在佳妙；尕塘地方如像白绸帘幔铺展，实在佳妙。这个地方就像盛满红花的铜盘，若在此建寺，可实在佳妙。”[2]

“金刚说”是藏传佛教成为西藏社会统治思想的结果。教义中的顶礼膜拜与朝圣转经思想与仪轨反映在建筑设计思想上，寺院大都采用“回”字形平面布局与转经廊道的设计。该仪轨延伸至寺院以外，则形成了转寺、转塔、转湖、转山等习俗。

藏传佛教教义繁复庞杂，包含众多象征物与吉祥物，既有动物、植物，也有乐器、兵器、一般日用品以及杜撰的神圣之物，构成了如八瑞相、七政宝、密宗法器、神话动物等一系列神秘体系。这些宗教象征物与吉祥物除了大规模使用在建筑物的内外装饰上，也被作为建筑选址的重要参考。如《后藏志》中对热隆寺地理位置是这样赞颂的：“首先，此圣地的地脉殊胜。地形宛若八瓣莲花盛开；雪山、石山、牧场和草山环抱，仿佛致敬似的成百条小溪汇流其间；天空好似八辐之轮，周边呈现八瑞相；即寺前冬日山形同右旋白海螺；热拉山峰状似撑开的宝伞；珀迦后山仿佛是盛满甘露的宝瓶；赞曲山像竖立的胜利幢；相衮山和其前山宛若金鱼游憩；阁木坝好似转动的金轮；本塘坝的山峦如荷叶开篷，溪水如百鸟竟翔；嘉木沼泽好似吉祥结。”[2] 类似的还有夏鲁寺所在地环境的描述：“夏鲁地方的地貌呈世自在之相状。北山宛若莲花瓣，碧绿年楚河是月亮水晶座，冲都（集市）是珍宝洲，密宗修正之地具备满足所欲的征兆；腹心菩萨宝地草呈轮状，具备众多班钦、译师、班智达、得道者转动大小乘法轮之征兆……夏鲁之东、西山体呈手、脚之状，南山宛若顶髻，周围遍插无数男女证果者利济有情的胜利幢……各处蚂蚁虫蝼等弱小动物数量少。作为著名的堪布传承和叔伯降世的标志，北面的河流胜似苍龙腾空，奔流不息。作为圣哲、格西、权威佛学家将要出世的标志，南山形若撑开的华盖。作为消除世间和出世间的危难，自然成就现高、定胜果报，满足所欲的征兆，东山好似光华灿烂的须弥山。西山宛若红宝石大盆，修道和证悟从而不断提高境界。”[2]

提取以上宗教建筑所处环境的核心信息，我们可以发现，其中更多考虑的是顺应自然的人居环境理念：①寺院多选择建在山间平坦之地，四周有坡度平缓的山峰，可以阻隔冬日寒风，形成较为温暖的小气候；②寺院所在地附近植被状况良好，有牧场或者农田，并且靠近水源地。寺院曾经是西藏最大的农奴主，有众多庄园和百姓为其耕种、放牧。良好的自然条件保证了寺院有足够的供养物质条件。

1.2 宗教建筑选址的社会因素

藏传佛教建筑除了寺院建筑与宫殿建筑，还有大量与宫殿同属一类，也修建在山顶的宗堡。宗堡不仅普遍存在于西藏，在同属藏传佛教文化圈的整个西喜马拉雅地区，也十分常见。宗堡建筑毫无例外是一组修建于山顶或者随山势布置的建筑群，占据制高点，军事防御功能十分明显。“宗堡”是旧时西藏“宗（县）”一级政府机构所在地，因为建筑在山顶，也被称为“宗

山”。西藏最早的宗堡仁蚌宗建于公元1352年，位于日喀则东部，扼守雅鲁藏布江峡谷，是法王降曲坚赞驻兵留守的大本营。随着政教合一制度的完善，宗堡便集办公、佛事、仓储、监狱等功能为一体，除了构筑碉堡、碉楼，还设置庄园和林卡。西藏最为著名、现保存最完整的江孜宗堡，位于江孜古城中心、年楚河北岸的卡罗拉山上，建造于14世纪，是1904年西藏军民抗击英国远征军入侵的历史事件发生地。该宗堡的选址也很讲究：“在昔日建筑王宫的地址，大山（江孜宗山）具备稀有且吉祥的瑞应：东坡恰似羊驮米，南坡状似狮子腾空，洁白绸幔张西坡，霍尔儿童敬礼像北坡。”[2]

但宗堡的选址最多考虑的是军事功能，一般都在突出于平原，不太高的小山之上，通常是背靠大山，面向河谷，建筑随山势布置，没有一定形制，有圆形、半圆形等多种平面。19世纪末，印度藏学家达斯这样描写江孜宗堡：“（宗山）不但有一条从山脚到山顶的石板路，山脚下还挖了三眼井。一旦城堡遭到围困，可以从井里取水上山。取水器是几个用牛皮做的吊桶，吊桶栓在一根150英尺长、由滑轮带动的绳子上。”[4]

由于最初的宗本由法王降曲坚赞任命，也为僧人，宗堡便具备了宗教建筑的所有特征，建筑群色彩也与一般的寺院建筑并没有太多差别。虽然到了近代，宗本改为一僧一俗，宗堡里依然设有佛殿和僧人专用办公和生活区。

有学者认为，宗堡很有可能最初是由建在山顶的寺院充当的。国外学者就把在不丹和锡金的“宗堡”用“城堡寺院（Fort Monastery）”表示，是因为山顶寺院同样有防御的考虑，甚至负担“宗”的功能。对于这一点，喜马拉雅学者考斯勒的观点是：“由于大量村庄的供养使寺院财富猛增，多余的财务则转化为金、银以及艺术品，这就使得寺庙成为反佛教势力和强盗们袭击的目标……因此，寺庙与军事堡垒合二为一显得十分必要。”[5]在拉达克，作为信仰与权力中心，山顶寺院大多为建立在贸易路线上的堡寨式寺院。耸立在山岩之上的寺院中心建筑高为6～7层，面向山下。寺院主要建筑均从山顶开始修筑，然后逐步向山坡下延伸。山下通常分布平民住宅，居住的大多是受寺院雇佣、为寺院耕种土地的农民，这样的布局也与民主改革前的西藏相同。

1.3 宗教建筑选址的自然环境因素

青藏高原海拔很高，气候条件恶劣，地理环境复杂，地质灾害频繁。在长期实践中，藏族逐步形成了在修建房屋时充分利用有利的环境因素，克服不利因素，回避可能的自然灾害的建筑环境理念。

首先，把建筑物的方位定为南向是比较普遍的原则，山顶寺院和宗堡多南向面对山下。这种习惯可能因为希望尽可能得到更多的阳光，也可能是受汉地建筑方位理念的影响。但也不尽然，如拉萨大昭寺面向西，小昭寺则面向东，据说是为了要朝向两座寺院的建造者尼泊尔赤尊公主和唐朝文成公主各自所来的方向。需说明的是，在邻近的不丹、锡金和拉达克，寺院则多为东向，与古代印度相同。

其次，高原阳光充足，气候干燥，但是气候寒冷，多风。因此，保暖和避风是首要考虑的因素。在西藏，建筑物多建在背风向阳的地方，房屋开窗、开门的方向都是顺风的。作为保暖防风的加强措施，在屋顶和楼层平面，也有较厚的保暖层。叶启燊在研究了四川藏族建筑之后，认为："藏族住宅顶层作各式挡风屋、挡风墙和设风门，在下面各层作天井、天窗、梯井等，采用遮挡与开敞相结合的方法，取得室内的无风、透光和通气、暖和的环境空间。"[6]

再次，藏区地质灾害较多，对建筑物影响较大的自然灾害有地震、雪灾、泥石流等，其中以地震最为突出。根据《西藏地震史资料汇编》记载，西藏地震见于史籍的最早记述是公元 642 年（唐贞观十六年）的拉萨地震。在此后 1300 多年间，全藏 120 多万平方公里的 71 个县市当中，有地震记录的 68 个，发生过 6 级以上地震的 52 个。西藏发生大于 4 级的地震有上千次，6 级以上地震 76 次，7 级以上 11 次，8 级以上 5 次[7]。

藏区建筑多为土坯房、夯土房或者石砌碉房，缺乏有效的连接措施，本身的抗震性能较差。藏式房屋的木结构部分连接较为松散，关联性较差，也不利于抗震。另外，由阿嘎土构成的平屋顶可达 30～40cm 厚，每平方米的重量有几百公斤。在经过维修后厚度不断增加，更不利于抗震。

藏族工匠在长期的建筑实践中，在建筑的空间布局、地基的选择、构造

等方面，都采取了相应措施，以减少地震对建筑物的损坏程度。江道元的《西藏建筑与抗震》一文中对藏式建筑的抗震措施进行了总结，其中第二点涉及建筑选址："西藏建筑一般都选择在土质较为坚硬的地段上，如大昭寺、小昭寺都是建在坚硬的黏土及沙加卵石层上。较大规模的寺院建筑都是依山而建，如日喀则的扎什伦布寺，拉萨的甘丹寺、布达拉宫等。喇嘛住宅也多修建在岩石之上。平常的民居也多选择在土质较好的基础上，稳定性较好。"[8]

有别于宗教建筑用所谓的吉祥征兆附会趋利避害的选址理念，藏族民间对房屋选址理念的表达更加直接。一首民谣说出了房屋选址几种要避免的害处：如果房后有洪水，如长矛直刺你的房就不好，这是第一害；房子不能建在两山之间，若建房，远远看上去你家就像是含在阎王的獠牙里，这是第二害；房子不能建在离水太近的地方，远看上去像戴了个马嚼子，不好，这是第三害；房子前面若只有一棵树不好，好像长了个瘤子，不吉利，有许多树则好。因为一棵树孤零零地在风中摇啊摇，会把主人的希望摇没了，这是第四害；房子前面有地下水渗出不好，被视为"底儿漏"。另一首民谣说的是较好的房屋选址：房子东面的山像双扇大门一样开着，若山为白山，路为白路，下有河水淌过，那是老虎的标志，绝好；房子的南面之山不要高，若像粮囤一样堆叠着，下面有河水淌过，河为青龙，它给你守南方，绝好；房子的西边之山像人仰卧着为好，山若红色或红岩石，那是大鹏鸟的象征，绝好；房子的北边的山脉若像帘幕或者屏风没有断开，高一些为好，这个方位若有白石头，代表白龟，绝好[9]。

从以上看似迷信的说法中，我们很容易得出藏族选址原则中的科学性，如房屋建筑要选择远离洪水、避开地下水源地；房屋最好建在山间平坝；北面地势较高可以阻挡冬季寒风，南面和西面地势低则可以争取更多阳光；房屋周围植被良好很重要。

2 藏传佛教宗教建筑选址程序

藏族对建筑工程非常重视，即使一般藏族民居，从破土动工到落成乔迁，也多有讲究和禁忌。如开工前，必须宴请活佛高僧占卜，以示吉利；动工之时必须是藏历中规定的动土吉日；建筑方位必须按照星相学堪舆选定等。至于宗教建筑，如寺院或者佛塔，从选址开始到建筑落成，更强调宗教仪轨。人们相信，佛殿和佛塔无怪乎大小，只要是按照古代印度建筑典籍规定建造，即使用石头或者泥土建造，也有特殊意义；否则，即使用黄金或者宝石铸就，也不过是普通的龛窟。作为修建的第一步，宗教建筑的选址程序尤为重要。

2.1 选定堪舆师

在决定修造某个建筑之前，需要选定有资质的密宗法师来主持堪舆事宜。法师通常要符合以下条件才具备资格：首先，法师应了解堪舆仪轨的整个过程，能够背诵相关咒语，使用相应的手印；其次，法师应掌握所涉及的全部仪式活动；其三，法师应信念坚定、气定神闲并富于智慧。此外，法师还应有耐心、诚实，不虚伪。

法师在整个修建过程中的作用可以分为 3 个部分，或者说是 3 个阶段：①执行开工之前的仪式活动；②执行工程实施过程中的仪式活动；③执行工程完工之后的仪式活动。

在开始念诵咒语之前，法师要沐浴并保持肃穆。在仪式过程中，规定法师只能吃三种白色食物：牛奶、奶酪和奶油。在某些噶举派文献中，还规定法师要焚香祈祷，将土地神封锁在匣盒里等程序。

2.2 选址步骤

寺院和佛塔选址通常包括 3 个步骤：勘测基地的方位、勘测基地土壤的特性以及勘测土壤是否有缺陷。

古代印度典籍中对基地是否吉祥有这样的规定：基地中间要较高起，东面和北面下落，这样的地点适合建筑寺院。如果基地中间下陷，东面和北面突起，则不适合作为宗教建筑的基地。如果一块地东方与北方低洼，会赋予神秘的修炼者灵气。土地中间凸起是可以取得王国以及使之繁盛。北方高

企，则会引起财产损失、疾病，甚至死亡。东方高企，会引起宗族的灭绝。中间低洼，则对修习者生命不利。”[10]《丹珠尔》中进一步就寺院建筑在有缺陷地块上可能引起的不利后果进行了阐述：“如果一块地相状与乌龟背相似，会导致死亡或者贫困。如果地块北方高企，会有宗族灭绝的忧虑，东面高企而中间低洼，则修习者有毁灭的危险。应该绝对避开这样的地方。”[11]

在确定了基地的方位之后，下一步是选择有吉祥征兆的地方，并钻探检测。《丹珠尔》对此事这样规定：“首先，要挖一个齐膝深的坑，用同样的土回填，如果土有富余，这便赋予了吉兆。如果相反，主持者就不应开工。如果施工的话，就会有损失，不能得到好结果。”[12]《甘珠尔》中同样有对钻探勘测的指导，但在坑的深度上与《丹珠尔》说法有些不同：“无论在任何地方，应该挖一个臂长深的坑。坑由金刚法师来挖掘，并用同样的土回填，如果土有多余，说明地址很好，如果回填土刚够用，是中等地址。应该避免回不够回填满的地方，在这样的地方，专家不能动工。”[13]

再下一步是勘测土壤的特性，挖一个一拃深的坑，将内部拍实，然后往坑里灌满水，面向东走出 100 步后，折回来查看坑里的情况。如果水平面没有下降，洞里的水依然是满的，说明这是一个好的地址。如果水已经被完全吸收，就是坏的征兆。如果水中发出声响，说明这个地方受到了蛇神威胁。

选址的最后一个步骤是勘测该地土壤是否有缺陷，比如陡坡、荆棘丛、陶瓷碎片堆积、深渊沟壑，骨头、树桩、蚂蚁山、灰渣堆、碱性土壤，石头、毛发以及昆虫，如蚂蚁等。这些都是不吉的征兆，不能在这里施工。一般来说，是很难找到符合所有吉兆的地块，土地不会完全没有缺陷。最好的办法是寻找缺陷少的地方。经典中规定：“拥有所有完美征兆的地方很难找到。简单说来，只要地质构造比较好，东边低缓，有水源，树木长势好，令人赏心悦目，土壤没有杂质，没有一般性缺陷就可以”[14]。

2.3 消除土壤缺陷

对消除基地上的不利因素，首先当然是动用宗教手段，法师要有能力化解不吉的征兆，镇压那些捣乱的恶灵以及妖魔。通常满足妖魔的方式是供奉食物，将妖魔引回到他们原来的住处，或者到其他地方。供奉的食物要抛洒在距离基地入口比较近的地方，同时用法器演奏，并念镇魔咒。此后，还要用煨桑的办法，将白色芥末籽到处抛洒，用加入香料的水喷洒，先前用来献祭的火灰也要铺撒在基地上，以灭杀入侵的恶灵。完成这些仪式之后，此地对建筑有所妨害的东西就会被驱赶，干扰会被消灭，土壤的缺陷会消除。

法师的工作完成之后，就是消除基地上干扰因素的具体操作。首先，是除去土壤中的杂质，比如骨头、灰渣、碎陶片、麦秸、木炭、树桩、荆棘等。一般是用锄头将土壤深翻一遍，仔细地除去土壤中的杂质，因为如果土壤中有杂质，就无法达成最初的愿望。《甘珠尔》中进一步说明："各种层次的杂质存在于土壤的不同深度，有的膝盖深，有的手臂深。在去除了土壤中的杂质，如麦秸、骨头、碎陶片、灰渣、木炭、以及荆棘之后，就应该将土壤拍实"[13]。

宗喀巴大师指出，如果土里的杂质没有去除，不幸就会接踵而至，比土本身杂质的存在还要危险。"如果土壤中含有石头，就会刮起凶恶的风；如果土壤中含有骨头，人就会感觉刺骨的痛；如果土壤里有麦秸和木炭，人就会患上传染病；如果土壤里有毛发、树根和木头，人就会遭受贫穷"[15]。

如果土里含有太多杂质，不可能彻底清除干净，密宗典籍规定了通过咒语来化解，直到与杂质有关的负面因素都被清除为止。"如果不能够从土地里去除所有的杂质，需要单独使用密咒。"[13]

从宗教典籍的规定中，我们可以发现，宗教建筑的选址过程，实际上是对建筑环境的宏观到微观的全方位勘测；针对土壤的勘测以及对土壤中缺陷的消除规定，则更加说明了藏族工匠对建筑环境安全的认识已经达到了很高程度。

3 结论

在分析了影响藏传佛教建筑选址的三个主要因素之后，我们可以发现，藏族建筑环境理念的形成与青藏高原自然环境密切相关，主要基于自然环境因素。其次，社会发展进程与社会结构体系对建筑选址也有非常重要的影响。

另外，宗教因素绝不只是形而上学，不只在意识形态方面主导与统领，其中还包含对地质条件、水文条件、土壤条件的科学认识。总体说来，宗教建筑的选址以符合以下条件为佳：①建筑应修建在地质条件好的坚实土地上，尽量避免有地质灾害隐患的地基；②建筑周围应为河流环绕、植被茂密、水草丰美之地，有农田和牧场；③建筑周围的山峰应高低错落，可以阻挡冬季的寒风，也可以使建筑尽可能多接受自然光线，如果可以与八瑞祥相互对应，便成为殊胜之地。

参考文献

[1] 达仓宗巴·班觉桑布. 汉藏史集 [M]. 陈庆英译. 西藏：西藏人民出版社，1983.

[2] 觉囊·达热那他. 后藏志 [M]. 佘万治译. 西藏：西藏人民出版社，1994.

[3] 阿旺罗丹. 西藏藏式建筑总览 [M]. 四川：四川美术出版社，2007.

[4]（印）钱德勒·达斯. 拉萨及西藏中部旅行记 [M]. 陈观胜译. 北京：中国藏学出版社，2004.

[5] 柴焕波. 西藏艺术考古 [M]. 北京：中国藏学出版社，2001.

[6] 叶启燊. 四川藏族住宅 [M]. 四川：四川民族出版社，1989.

[7] 西藏自治区科学技术委员会，档案馆. 西藏地震史料汇编（2）[M]. 西藏：西藏人民出版社，1990.

[8] 杨嘉铭，赵心愚，杨环. 西藏建筑的历史文化 [M]. 青海：青海人民出版社，2003.

[9] 张显宗. 西藏民居 [J]. 民俗研究，1995（3）：56.

[10] Kagyur，Tantra，Derge，Vol. KHA，（Toh. 370），fol，99b7.

[11] 丹珠尔·PHU 卷 [O]，德格版，2B6.

[12] 丹珠尔·WA 卷 [O]，德格版，141B1.

[13] 甘珠尔·DA 卷 [O]，德格版，142a，144a.

[14] Collected Works of Buston，op，cit，fol，2a4（p172）.

[15] Snags rim chen po，op，cit，fol. 144a4-5.

古碉探源

马扎·索南周扎[1]　郭连斌[2]

作为研究及创作藏式建筑领域的成员，我们经常行走在藏区，看到过很多地区分布的碉楼，不经意间就会和同行以及兴趣爱好者探讨起藏族古碉（图 1）。不论是浅谈、深聊，我们都会经常思考这种建筑类型。对于目前普遍热衷于评议碉楼这种藏式建筑类型，是有一定原因的。藏式建筑由于其依托自然生态、地理气候的特殊性，造就了其独树一帜的个性，空间分布完整、时间延续有机、系统完善、独树一帜地构成了其和谐于喜马拉雅极地自然和藏族社会人文系统的建筑文化。

图 1　丹巴藏寨碉楼

研究喜马拉雅的藏式建筑，无论从建筑学科，还是从地缘文化和现代文明的视角，都具有复杂性、系统性、特殊性。古碉作为藏式建筑体系中的具有独立个性的建筑形制，成为很多学者热衷的课题。这种现象侧面透射着很多现实的学科问题。从学科发展的整体来讲，这种研究热潮和成果，并未形成系统和完整的认知价值。鉴于藏族建筑文化特殊的自然思维和生态视角，藏族建筑文化的学科研究最大的价值，并不在于其对文

1　马扎·索南周扎，中国民族建筑研究会藏式建筑专业委员会秘书长，明轮藏建设计机构总经理、创作总监，长期致力于传统藏式建筑的历史文化研究及现代藏式建筑的创作探索。

2　郭连斌，中国民族建筑研究会藏式建筑专业委员会专家，明轮藏建设计综合部主管，主要参与西部少数民族地区建筑文化研究及田野考察。

化多样性的充实，而是藏族建筑文化的现代实践价值。因此，古碉建筑形制的研究探索，一定要以完整的藏式建筑体系和建筑文化系统为背景，其成果虽不足以完整评述藏族建筑文化的价值，但由于古碉特殊的建筑个性，其研究价值依然是特殊而斐然的。从古碉本身的特点来说，将这种建筑形制作为独立的研究对象，是非常合适的选题。这种建筑形制对于解读藏族建筑文化有着不同的意义和作用。

作为一种视觉个性独特的建筑形态，古碉的魅力让许多人驻足思考。在特殊历史事件的烘托下，古碉凝聚着特殊的功能象征。探究古碉，需要一个基本纵贯藏族文化从起源到成熟，乃至人文历史的时间视野；同时需要一个草原游牧和河谷农耕的南北文化碰撞、融合，最终和谐出现在地缘空间的实践纵深；更需要跳出喜马拉雅地缘的局限，探究类似石砌高碉在人类其他地缘文化中存在的共性和差异。从以上三点，可以发现研究古碉对于理解藏族建筑文化的系统意义和工具价值是非常特殊的。但是，正如之前所说，古碉诠释不了完整的藏族建筑文化。古碉仅仅是喜马拉雅山地藏式建筑体系四个重要分支中，大小金沙江分支体系的建筑象征，是石与木的故事、人与神的传奇。

本文以古碉为例，介绍解读藏族建筑文化，解构藏式建筑体系的一些方法心得。目的在于抛砖引玉，积极探索民族建筑学科建设和学科研究的基本思维和方法。不适之处，祈请读者指点教诲。

1　以藏族文化的形成特点为背景理解建筑形态

藏族文化具有独立的系统文化价值，但并不是说藏族文化是系统完整的文化体系。比如，历史典籍化、教育资源转化、现代社会应用转化等等，在这些方面，藏族文化仍然亟待发展和完善。同时，藏族文化乃至东方文明都面临地缘文化的现代化。整个文明体系的现代化，不仅仅是物质形态的现代化，更为重要的是，思想、意识、审美、思维以及由这些要素决定的人文、社会、政治、经济、教育等认知观念和行为成果的现代化。藏族文化本身的开放气质、谦恭性格以及在其形成过程中的多元文化融合，将对藏族文化的现代化发挥积极作用。而喜马拉雅极地藏式建筑的生态价值和审美特征，让藏式建筑具有现代气质的先天基因。在藏族文化的现代化进程中，藏式建筑应该勇于承担使命，发挥积极作用。

藏族文化的特殊性，决定了我们对于像古碉这样的建筑形态的本质理解，需要以有机、动态、田野、生活的建筑人类学方法为基本思维逻辑，以考古学方法及发现为证据，以文献典籍为佐证。

古碉一定是有机的、延续的、生长的，最终形成了它的价值，而这种价值一定是功能和精神价值的聚合，继而呈现其在自然背景下的美学价值。

2 古碉的缘起是精神的象征，而且是特殊地理单元下的精神象征

古碉的起源，与藏族先民早期的信仰，即原生精神需求有关。而这种早期的信仰和精神需要，完整烙印了喜马拉雅自然环境对人类的特殊影响。自然性、生态性、开放性、精神性以及谦恭和本分的人文气质，是藏族文化与其他地缘文化系统最大的差异。当然也就塑造了藏族文化独树一帜的个性。

图 2 碉楼

古碉（图 2）的起源，甚至可以追溯到原始宗教萌芽之时，在一定地理单元内，某一高山的山顶上，一颗树立的石头。这种形态奠定了藏族建筑文化体系的美学根基，即阳刚雄性、竖向立体、雕塑美感。古碉的起源是服务于精神的！无论象雄，还是雅隆，他们都对高洁之地是崇敬和追求的。以至于王的称呼——赞普，也意为雄峻、勇气、智慧、责任和降凡于山峰的男神。这一点是古碉人文本质的自然根基。高加索地区也有古碉，和藏式古碉有着自

然共性，但并非人文共性，这就是文化原生神性的契合。如果说高加索古碉的地缘文化背景，决定了其物质功能性主导的起源，那么，喜马拉雅藏式古碉的起源是精神性的。发展到后期，喜马拉雅的古碉虽然逐步实现了防御性的战备功能，但仍然以其象征战神、胜利、护佑的精神性为毋庸置疑的首要功能。而高加索古碉是以物用为主，其精神信仰的鼓舞机制是微弱的。

3　古碉是逐步发展和演变的，也必然在现代文明背景下继承性地延续精神价值，创造性地发展物质价值

前已述及，孕育藏族文化的特殊自然环境和地理特征，造就了其精神性、生态性和谦恭、本分的人文气质。这是形成多元融合的极地文化、山地文化——藏族文化的根本原因。藏族文化在东西横向实现了地缘文化的融合，我们可以从藏式建筑看到这一点。同时，藏族文化在南北方向实现了人文的时间沉淀。藏族文化在人文历史的沉淀中实现了藏北草原文化和藏南河谷文化的融合。这些年考古发现的西藏岩画从题材、选址，以及从北部的草原，逐步沿河谷的渗透南下，很好地佐证了这种南北融合。而证明这一点最公正和中性的证据，不是岩画，而是藏式建筑体系随河谷的流布，以及藏族方言在河谷的变迁。当然，岩画、文献典籍、民间口述史、民俗都可以形成佐证，这也就是一直以来以多学科视野、田野考察、人类学方法探索研究藏式建筑的原因。这些年的学科成果证明了我们对藏族文化的认知逻辑和学科方法是可行的。

沿大小金沙江、澜沧江、黄河、怒江四条主要的南北自然走廊，藏族文化实现了南北的融合，并影响和渗透了彝族、纳西族、景颇族等十几个西南少数民族。从这一点，可以发现藏族文化在喜马拉雅山地民族系统中的母体性。语言学的藏缅语系已经从语言学意义证明了这一点。建筑学一样可以证明，这正是我们的学科责任之一。这对现代文明背景下，中华民族文化体系的理论建构具有深远的意义。

古碉，就是在藏式建筑体系的地缘空间流布中，大小金沙江系统的典型

建筑形制。而大小金沙江体系造就了藏族建筑文化的本性和文化价值的顶峰。澜沧江系统、怒江系统、黄河系统实现了多元建筑文化的地缘融合和流布。中华民族文明体系建设，需要整个东方文化的视野，需要比较反思于西方文明和现代文明。而由五十六个民族构成的中华民族，以及现代文明背景下的中华民族文明体系建设是我国可持续发展不可缺少的精神资源。从这一点看，“藏式建筑的研究是每一位中国建筑学人的责任和使命”，已故建筑大师，张良皋先生曾对我们提过这句话。先生驾鹤归去后，我们才明白良苦用心和深邃意理。

随着南北文化的渗透、迁徙、融合，在一些特殊的地理单元下，古碉开始以仪式建筑的形态出现。比如，在很近的距离内没有可瞻仰的山峰。或者随着社会化程度的提高，社会组织单元增多，要求各自拥有这样的仪式建筑。因此，附近山顶的祭祀建筑和群落内的仪式高碉出现了，他们一定对“高”有着挚诚的需要。

4 象雄文化和苯教意识，注入了古碉人文化的精神内涵

象雄文明时期，以苯教为主体的宗教意识和精神价值，影响了古碉这种建筑形制。古碉这种建筑形制的产生是在精神逻辑和美学意识已经基本稳定之后。显然，把研究古碉的起点放在象雄时期是偏晚的。这个问题产生的影响不易被发现，也不好定论其影响多大，但一定在对整体藏族建筑文化的逻辑诠释中形成阻力和盲点。

象雄文明中，随着原始自然宗教系统的发展、完善，并逐步成为象雄文明的精神核心，藏族文化迎来了第一次高速发展及文化沉淀时期。文化完善是以典籍化、仪式化、系统化、社会化、教育化为基本特征的。象雄文明的发展完善，需要一些原生精神建筑继续承载新的文化含义。古碉在原生的精神价值上，再一次被强化为精神建筑象征。这标志着古碉建筑离开它的自然性的人文起点，进入社会性的人文发展阶段。古典时期，宗教没有不和政治王权交集的。苯教、佛教当然也不例外。这是人类文明形成的基本模式。人

对宗教的需要是源自人性本质的、不可抗拒的。除非人类认知智慧整体发展到可以把宗教意识哲学化的时期。后现代文明的核心意义正在把宗教意识哲学化。物质文明只是发现精神重要性的途径和人类社会发展的必然模式决定的阶段。

藏族文化的第二次完成时期，是吐蕃王朝时期，也就是佛教文明时期。而佛教对古碉的人文内涵渗透不是非常明显和有效力的。所以，古碉对理解佛教时期之前的信仰史有一定意义。

5 特殊的历史境遇造就了古碉强烈的社会功能价值

如果很久之前，古碉更多的是精神的。那么，随着其背景文化系统在某一历史境遇遭遇的严酷生存危机，它开始成为保护、捍卫生存的功能建筑。从早期护法、战神等类似的含义，到后期的军事功能，我想这里存在一个历史纬度。早期，聚落从北方草原、雪山、大湖、岩画的区域向南部河谷区域的渗透迁徙；晚期，清中期大小金川之战定格了古碉的军事功能。

我们认为，藏北、白兰古道、大小金沙江流域是重要的地理单元和文化通道。

论藏族宗堡建筑的文化内涵

龙珠多杰[1]

1 宗堡建筑的定义

西藏由于其独特的高原文化和气候特点，形成了其类型丰富的藏式建筑群，其中包括宫殿建筑、宗堡建筑、民居建筑、寺院建筑、佛塔、桥梁建筑等，具有鲜明的藏族文化特色。宗堡建筑是藏族传统建筑中古老的一种建筑类型，藏语称“卡尔宗”（mkhar-rdzong）。《西藏历史文化辞典》中对“宗（rdzong）”解释为“城堡”或“寨落”，旧籍也作营，乃西藏地方政府基层行政机构[1]。清代宗作为地方行政机构隶属于噶厦政府的“基巧”（spyi-khyab）之下管辖，以区域大小、人口的多寡和地理位置的重要，分为边宗、大宗、中宗和小宗四个等级。宗堡建筑大都是在地势险要之地依山而建，具有明显的军事防御功能，与欧洲中世纪的城堡有一定的相似之处。藏族的宫殿建筑（po-brnga）由来已久，具体说宫殿建筑在历史的变迁中，逐渐分化和演变形成了宗堡建筑。在吐蕃王朝后的分裂割据时期，原来的宫殿建筑性质逐渐演变为各大、小酋长的军驻地，后历经萨迦到 14 世纪帕木竹巴政权后，正式用“宗”这个名词取代了萨迦的万户制度，建立了 13 个宗堡建筑为地方行政单位。宗这个建筑名词逐渐成为西藏地方政府基层的行政机构，相当于内地的县政府[2]。今天藏语中仍然用这个词来带代表县级行政单位。宗堡建筑的产生和发展有着其深厚的社会历史文化背景。因此，研究宗堡建筑对于我们了解传统藏族建筑文化有现实意义，下面主要从宗堡建筑

1　龙珠多杰，中央民族大学博士研究生。论文出处 ：《康定民族师范高等专科学校学报》，2006.04，第 29-32 页。

形成、发展和兴衰来分析此类建筑在藏区存在的历史背景及原因，对宗堡建筑的形成和发展的研究，也会有助于我们对藏族历史上的长期的分裂割据有进一步的认识（图 1）。

图 1　不丹旧都——普那卡宗斜视图

2　早期的藏族宫堡建筑

根据汪道元先生的《卡若遗址的居住建筑初探》，我们可以了解原始的藏族建筑艺术，卡若遗址中粗大的柱洞痕迹说明，柱子已在原始藏式建筑中普遍用于支撑屋顶，以加大承重的能力[3]。藏区随处可见的片石是砌墙的天然材料，因而形成了藏式建筑的基本特点，柱式结构、平屋顶、厚重的石墙构成了藏族原始建筑的基本轮廓。在《隋书附国传》记载："附国南北八百里，东西千五百里，无城栅，近山谷，傍山险，俗好复仇，故垒石为巢，以避其患，其高十余丈下至五六丈……状似浮图，于下致开小门……"[3] 从此文献中的"近山谷，傍山险"，体现了宗堡建筑所具有的军事防御的地理位置，而这种建筑的理念恰恰反映了藏族历史上"俗好复仇"的特点，即一定程度上表明了藏族历史上战争频繁和长期分裂的历史文化背景，为宗堡这种建筑的产生提供了先决条件，而且影响了后来藏式建筑的发展。

公元 3 世纪，随着雅隆部落的兴起，吐蕃王朝第一位藏王聂赤赞普在雅隆河谷建起了藏族历史上的第一个宫堡建筑雍布拉康。虽然历经多次修复，但是仍然可以让我们了解早期宫堡建筑“居高而筑、依山而建”和宫殿与军事城堡相结合的基本特点，这个特点一直贯穿于西藏的宫殿、寺院、民居等建筑之始末。这一时期在吸收周围各兄弟民族的建筑技术经验的同时，藏族的建筑理念也随着社会的发展在改变，如在《贤者喜宴》中记载：“功臣聂赤桑阳东，七贤臣之五，他的业绩就是将住在高山的房屋搬到河谷平地，就地取材开始营造各种房屋，建城堡宫室，垒石为平顶”[3]。早期宫堡建筑尚属于世俗的建筑，不含宗教的色彩，其大多数的建筑构思与布局简单明了，但是后来随着佛教逐步传入藏区，宫堡建筑之内的宗教建筑色彩逐渐变浓，使宫堡建筑的设计和装饰比以前更趋复杂化，而营造宫堡的技术比以往更加成熟，拉萨的白宫（布达拉宫的前身）、帕邦喀宫殿、山南的扎玛止桑宫殿等，这些城堡大多继承了在险地而建的古老传统，规模宏大，布局构思严谨。利用自然地形而建起的宗堡建筑，具有明显的军事防御的功能，而其巍峨挺拔的气势又是王权统治的象征。如松赞干布的父亲囊日伦赞时期建的强巴弥居林宫殿（墨竹工卡县强巴村），迄今可见宫堡的残壁，它是集宫殿、园林、碉堡为一体的王宫，可见当时藏族城堡建筑技术已经相当成熟。虽然这个时期佛教在吐蕃有一定的发展，但是建筑还没有突出的表现政教合一的建筑构思和布局（图 2）。

藏族历史上将 9—13 世纪称为“分裂割据时期”，这一时期是城堡建筑从王权宫殿转向割据势力的宗堡建筑的重要时期。从藏族历史四百多年的分裂史可以分析，长期的分裂割据是形成各地方势力的重要历史条件，也是产生军事宗堡建筑的最主要原因。佛教、苯教矛盾的激化，末代赞普朗达玛的灭佛活动，使他被佛教徒拉龙贝多刺杀，随后两位王妃为争夺王位导致王朝内部失和，

图 2　不丹旧都——普那卡宗正视图

奴隶起义的爆发，众多的原因促使吐蕃王朝分崩离析结束了其统治。随后众势力各自为政，形成了十一个地方割据政权，他们为了维护各自的地方势力建立了各自的军事城堡，彼此长期征战，对此东嘎先生的《论西藏政教合一制度》书写到 ："在藏堆（后藏和阿里地区），以没卢氏和觉若氏家族为首，建城堡于仲巴拉孜 ；在尼莫，以囊氏和娘氏家族为首，建立了章喀杰曾城堡 ；在上雅隆，由秦木氏和聂氏家族为首，建了那摸牙孜城堡 ；在洛惹当许，由尼娃和当布家族为首，建城堡于甲苍贡囊；在穷结一带，由苦氏和聂家族为首，建城堡于苦归觉喀；此外还在多布、工布、聂和拉萨等地建了城堡，吐蕃全境陷入了分裂状态[4]"。从此藏族社会进入长期的分裂割据的时期，此时的宫堡建筑早已不是一个国家政权的象征，其内涵也不再单一是为国王和王室成员生活起居和国家权力机构服务了，而转化为各个割据势力为了维护其利益而建的宗堡建筑，而且这些建筑根据其势力不同，规模大小也不同，不单单是政权机构和军事防御的堡垒，而是集中政治、经济、文化等诸多功能的集合体。

公元 9—10 世纪，佛教在吐蕃大地消失近一百年之久，此时的宗堡建筑的主要功能是以割据统治和军事防御为主，虽然兼有一定的宗教文化色彩，依然不是严格意义上的政教合一的体制，地方首领仍然是最高的统治者。阿里古格王宫是这一时期最典型的一个例子 ：古格王宫具备了王宫、行政、宗教、仓库等后期宗堡建筑所普遍具有的内容。但是，整个古格王宫强烈地体现了军事防御功能，设计严密，充分地考虑到了战争时期的各种需要。古格王朝最后时期，拉达克军队的入侵和当地民众的暴动都未能将这个宫堡建筑直接攻下，而是通过诱骗将古格王俘获。此时期的建筑还有贡唐王系城堡和曲松的拉加里王宫[5]，可见其宫堡建筑的坚固性和可依赖性，同时也证实了早期藏族历史所经历的战乱时期。随着封建经济形态的逐步确立和发展，农牧业、手工业和商业等也有了较大的发展，每个割据势力又渐渐地演变成为以家族为中心的封建领主，因此他们有能力建造成各自的宗堡建筑。同时各个割据势力为争夺土地和放牧权彼此长期争斗，地方贵族和奴隶主之间相互征战，从中不难看出这种军事建筑在藏区发展的原因。其典型的表现形式就是城堡式的居所，出于防御目的而设计的塔楼、厚城墙和射箭孔等军事附属建筑。宗堡的选址一般都是山坡或山口，一些可以控制整个峡谷的咽喉地段都建有宗堡建筑。建筑的结构为土、木、石结构，就地选材，垒石为墙，虽然宗堡建筑的做工比较粗糙，但是依山势而建的建筑特点，从远处看往往会给人们一种威力无比的印象，有“一夫当关，万夫莫开”的架式。

从总体布局上看宗堡建筑没有明确的规划意图，大部分建筑之间是相互联系，利用山势达到整体的防御效果，与中原内地建筑轴线对称式的规制大相径庭，这种布局直接对后来西藏建筑的发展有深厚的影响。佛教的再次传播使西藏的建筑形成了两条发展的脉络：世俗的宗堡建筑和佛教的寺庙建筑，并成为藏区最具代表的两种建筑类型。分裂时期西藏各派政治势力尚未统一，但是佛教通过“上、下路宏传”在西藏发展迅速，与各个地方势力相互依赖并形成了不同的派别。为了维护和发展各派的势力，各教派都以不同的政治势力作自己的靠山。寺庙建筑也随之开始兴起，宗教色彩开始大规模地融入世俗社会。由于各教派得到不同的地方势力的支持，分裂割据的局面得到了新的加强，这也是西藏长期分裂的主要原因。

3 宗堡建筑的发展时期

元朝建立后，在西藏地方始设行政建置，将西藏纳入元中央王朝的版图。元朝政府力推萨迦派掌握西藏的地方政权，从萨班到八思巴逐步建立了西藏地方的行政体制，长期分裂的局面走向统一。以萨迦派为首的新的政治体制，下设代表领主利益的行政总管本钦、万户长、百户长等不同行政职官。将西藏地区分为十三万户，同时也设置了宗教上层人士以前没有过的官职，如森本、索本、却本、仲益钦莫等十三种为私人办事的官员。萨迦教主和总管本钦管理西藏的一切事务，开始了政教合一的制度。十三万户的划分，其实也是对分裂时期所形成的十三个地方政治势力集团的委任，万户府的建筑形式主要以宗堡和寺院建筑为其统治的中心地点，管理着地方政权。八思巴为首的萨迦派控制着十三万户，萨迦南寺是寺院与宗堡结合的典型例子。此时不仅宗教的色彩开始进入宗堡建筑，以军事防御为主的建筑功能也逐渐在改变。与先前的分裂时期的宗堡对比，一方面这个时期的寺院和宗堡加强了行政的管理功能，他们也有自己的武装势力。另外，由于政教合一的政治制度开始形成，世俗的军事建筑与宗教殿堂相结合的比例增大，宗教为军事防御而举行的活动场所也增加，建筑的装饰赋予宗教的色彩，因而宫堡建筑的装饰和设计比以前更慎重，色彩也比以往更加斑斓。

帕竹万户是萨迦政权的十三万户之一，经过大司徒强曲坚赞的经营成为十三万户中最有势力的一个万户，驻扎乃东万户府。1354 年，大司徒强曲坚赞经过多年的励精图治，击败了萨迦派在乌斯藏的统治，建立了帕竹第悉政权。同年建立了桑珠孜宗（日喀则宗）。1356 年，他建立了内邬宗和查嘎宗。大司徒强曲坚赞精明强干，一改萨迦政权末期腐败的政治体制，用新设定的十三大宗来代替原来的十三万户，这是藏族地区宗制度的首创，宗堡建筑进入了一个新的发展期。虽然万户府和宗在地域和管辖范围上没有区别，但是强曲坚赞总结了萨迦时期的经验，亲自委任宗本（县官），用流官制代替了以前的世袭制，规定宗本的更换三年一任，加强了中央的集权制度，削弱了地方势力，并且根据吐蕃时期的法律为基础制定了十五条法令，包括英雄猛虎律、懦夫狐狸律、地方官吏律等，健全的法制促进生产的发展。为了维护其政权的巩固，帕竹政权修复和新建了十三大宗堡建筑，包括：佳孜芝古宗、约卡达孜宗、贡嘎宗、内邬宗、查嘎宗、仁蚌宗、桑珠孜宗、白朗宗、伦珠孜宗、齐达斯宗等[6]。这些宗堡成了帕竹政权的地方衙门，其中桑珠孜宗（日喀则宗）在当时所建的十三大宗中最宏大，坐落于日喀则城北的日光山上，高 120 米，主楼四层，酷似布达拉宫。加之日喀则又是后藏最大的中心城市，故在历史上最负盛名。大司徒强曲坚赞采取重视农业生产、植树造林、减轻差税等积极的措施，社会稳定，使生产得到了迅速的发展，因此，这一时期是藏族建筑文化发展的重要时期。

1409 年，格鲁派开始兴起，在扎巴坚赞等的支持下宗喀巴兴建甘丹寺，其建筑的风格体现了当时宗堡建筑的依山而建的理念。1432 年，到了帕竹政权的第六世第悉扎巴迥乃时期，政权内部出现内讧，随后先前由大司徒制定的宗本流官制重新被世袭制代替。1481 年，帕竹的家臣仁蚌巴推翻了帕竹政权，这种地方势力的膨胀，导致仁蚌巴的家臣辛夏巴以同样的方式夺取政权，建立了第司藏巴政权。藏巴汗彭措南杰看到宗堡建筑所具有的军事防御功能，这种各自为政的宗堡建筑对其集团统治极不利，遂以此为由拆毁了 14 座大宗堡之外的所有宗堡，使藏巴汗政权的中央军事势力集聚增强[7]，后来格鲁派依靠蒙古的军事势力才将其打败。其实 14 世纪以后出现的宗堡建筑使宫堡建筑的力量分化，但它早已没有早期的王族的宫殿气派，其主要的特点是具有相当明确的军事防御性质，而且对于地方的保护发展起到了重要的作用。五世达赖建立甘丹颇章政权之后的一段历史时期内，社会稳定，生产力发展，这是藏族文化发展的一个重要时期，世俗宗堡建筑和佛教的寺庙建筑都得到长足的发展。由于格鲁派取得绝对的政治优势，该派寺院建筑雨后春笋般在藏区得到迅速发展，寺庙建筑以拉萨三大寺为代表，其规模和形制史无前有。世俗宗堡建筑的例子当属布达拉宫，据说布达拉宫的扩建以桑珠孜宗为参照物，它的建筑思想、构思都是宗堡建筑形式的沿袭，并且有更进一步的发展，成为西藏建筑史上最大的宫殿城堡式的建筑群，是西藏历史上政教合一体制在建筑方面的集中体现。随着清朝统治者平定藏区数次内部叛乱和外族入侵后，委派驻藏大臣，对帕竹时期宗堡进行了维修和扩建活动。行政制度的日趋完善和社会的稳定，使各地的宗堡建筑功能逐渐发生转变。宗开始作为基层行政机构，隶属清代西藏地方噶厦政府的基层管理，相当于专区一级的行政区划管理。宗以其区域的大小、人口多寡和地理位置的重要，分为边宗、大宗、中宗和小宗，边宗和大宗人口二三百户不等；小宗仅百余户。边宗和大宗各设僧俗宗本（营官）各一名。一等宗本为五品，清乾隆年时期有 14 缺 23 名，均设于前藏；二等宗本也为五品，前藏 19 名，大小宗本 162 名，驻藏大臣具有巡边的任务，而且对各边区的大小宗堡都有记录[8]，此时的宗堡建筑功能和形式都发生了变化。宗堡的建筑虽然大小不一，但是星罗棋布，椐史料记载：边宗 14 处；大宗 10 处；中宗 42 处；小宗 24 处，共计全藏有 122 个宗，宗堡建筑的发展进入了鼎盛时期。

4 宗堡建筑的衰落

藏族历史上长期的战乱和分裂割据，使宗堡建筑有了用武之地，使这种建筑类型在藏地各处纷纷林立，在长期经验积累的基础上，宗堡的营造技术达到了顶峰，使其成为藏区地缘建筑的标志之一。但是随着藏族社会走向统一和稳定，宗堡建筑的功能已不能适应社会发展的潮流，必将逐渐走向其衰落。

宗堡建筑衰落的原因主要有二：首先，17 世纪清政府三次派兵协助西藏地方政府击退了外族的入侵，并且在西藏派官设置，使西藏的地区内部和外部的战乱减少，原以宗堡为基地的那些地方行政的官吏，他们自身不再需要军事武装力量，因而，宗堡逐渐失去其原有的军事防御功能，对其的护理也不如以前。其次，20 世纪随着科技的进步，现代军事武器的发展，以军事功能为主的宗堡建筑，抵挡不了先进武器的进攻，这也是宗堡建筑衰落的主要原因之一，如 1904 年在反抗英国入侵的江孜战役中，藏族人民进行了英勇的抵抗，江孜宗堡在此次战役中起了很大的作用，但长时间的轰炸也使宗堡建筑不可抵挡，在这样的现代军事战争中宗堡所起的作用大不如从前。从清末开始，随着现代化科技的发展，宗堡建筑的军事功能也逐渐遗失。喇嘛王国覆灭后，新的政治体制建立，使各地方的宗堡被彻底的遗弃或被拆他用，在“文化大革命”期间，部分宗堡也列为四旧被拆，“宗”演变成为新的地方行政县的代名词，宗堡建筑走向衰弱以至被遗弃，最终被淡出了历史舞台。

5 宗堡建筑的现状

藏区的宗堡建筑主要集中在卫藏地区，目前这类建筑在西藏地区保留也相当少，保护比较完整的宗只有布达拉宫、江孜宗等，其余的如日喀则宗（正在修复）、贡嘎宗、帕里宗、贡塘宗等只留下了遗迹。布达拉宫是宗堡和宫殿建筑结合的杰出典范，在历代藏族建筑师们不断完善下，成为西藏地缘化的标志性建筑。作为这种建筑类型在其他藏区也有不同的表现形式，康区的宗堡建筑主要是通过土司官寨和石碉的形式出现，特别是在今天的四川阿坝和甘孜藏区的石碉，虽然与卫藏地区的宗堡有一定的区别，但其建筑特点及功能与宗堡建筑有异曲同工之处。这种以军事防御为主而建的碉楼，在清代大小金川战争中发挥了宗堡建筑的功能。再如：四川阿坝州马尔康县的卓克基官寨，是碉楼和土司官寨结合的一个很好的例子。还有丹巴县矗立于大山之中的碉楼群也是此类建筑的表现形式之一。安多地区历史也曾有“安多四宗”，青海兴海县的赛宗，尖扎县的阿琼南宗、乐都南山的普拉羊宗和平安县的夏宗，都位于地势险要之地，但目前安多四宗成为藏传佛教善男信女静修的宗教场所。

除此之外，在历史上西藏地方政府控制势力范围内，如拉达克、不丹、尼泊尔、锡金地区也保留有部分宗堡建筑的遗存，尤其是在不丹类似的建筑遗迹较多，从一些照片和历史资料可以了解，不丹人们还在使用和延续宗堡这种传统的建筑类型，如扎西岗宗等。另外，宗堡这种古老的建筑形式，在后来佛教在西藏传播的过程中也影响了寺庙建筑，如拉萨的甘丹寺、玉树的结古寺、夏琼寺等都是利用山势依山而建，具有一定军事防御能力，同时也体现了藏族高超的建筑技术。宗堡建筑作为藏族传统建筑的一种类型，能够在藏区长盛不衰，它的发展除了自然因素之外，还有着其深厚的社会历史背景，反映了藏族历史上长期的战乱和分裂割据。今天的宗堡建筑虽然失去了其功用，但作为历史文化遗产，我们应当对现存的一些重要的宗堡建筑加以研究和保护。

参考文献

[1] 杨志国. 西藏风物志［M］. 西藏：西藏人民出版社，1997.

[2] 王尧，陈庆英. 西藏历史文化辞典［M］. 西藏：西藏人民出版社、浙江人民出版社，1998.

[3] 丹珠昂奔. 藏族文化发展史［M］. 甘肃：甘肃教育出版社，2001.

[4] 东嘎．洛桑赤列．论西藏政教合一制度 [M]. 郭冠忠，王玉平译. 中国社会科学院民族学研究室，1993.
[5] 魏青. 江孜宗堡建筑初探 [D] //建筑史论文集. 北京：清华大学出版社，2002.
[6] 班钦索南查巴. 新红史. 黄颢译 [M]．西藏. 西藏人民出版社，2002.
[7] 周润年. 西藏古代法典选编 [M]．北京：中央民族大学出版社，1994.
[8] 蒲文成. 甘青藏传佛教寺院 [M]．青海：青海人民出版社，1990.

浅谈藏族牧区帐篷建筑及其文化特点

卡毛措[1]

繁衍生息于青藏高原的藏民族，其建筑历史最早可以追溯到 4000—5000 年前的史前社会。在漫长的历史发展过程中，总体上形成了以宫殿建筑、寺院建筑、民居建筑为代表的三种基本建筑形式。这三种不同的建筑因其历史阶段、所处环境、经济发展水平等原因而又各具特点，自成系统。尽管如此，当我们去谈论或是研究建筑时仍会发现，这个庞杂巨大的系统是建立在一个基础建筑类别之上的，那便是民居建筑。因为“民居是最大众化的一种建筑。几乎可以说在任何一个民族中民居都难以和宫殿、寺庙相提并论而成为民族建筑的经典，但是它在民族建筑中却有着宫殿建筑无法替代的地位。”[1]

由于生活地域和生产方式的不同，藏族民居大致可以分为牧区的帐篷、农业区的土（石）木混合结构平顶房、西部的窑洞及东部林区的木架坡顶房等形式。而牧区又因放牧生产的需要，有夏季牧场和冬居之分。夏季游牧是游动式的，为选择适宜的水源草地而不断转移，居民使用帐篷；冬居房是冬日将牲畜集中在有水源、向阳避风地带过冬，这里仅建一些可以生活、可贮存草料的简易性建筑（图 1）。

图 1　青海牧区草原牦牛黑帐篷近景

1　卡毛措，中央民族大学藏学研究院 2010 级硕士研究生。

1 帐篷——游牧者的选择

众所周知，青藏高原是地球上海拔最高的地方，也是地形最为复杂的地区之一。由于特殊的地理环境，形成了独特的气候及生物链。在自然条件如此艰苦、生态环境如此脆弱的青藏高原上，历经若干年的探索，藏族牧人终于在人与牲畜、草场之间寻找到了一个平衡的支点——游牧（图 2）。这一生存方式的发现，使藏族牧人开始了逐水草和季节而居的生活。

图 2 青海牧区草原牦牛黑帐篷远景

在藏族的游牧生产、生活中，出现了几种不同的游牧模式。根据游牧的特征分类，我们可以将其分为两种最基本的模式 ：一为全游牧，二为游牧。第一种模式没有固定的定居点，其特点是“逐水草而居”。牧民一般以部落为组织单位，在一个广阔的草场上驱赶着牲畜不断地游动。而如今，这一“逐水草而居”的生产模式已不多见了。第二种模式是在一个有限的牧场上，以一个固定的根据地，每年较有规律地“轮回”游牧。这主要是随着时节的变化在固定的牧场上放牧的一种游牧模式，是牧人随着季节的变化，从一个草场迁徙到另一个草场。一年少则搬迁两次，有夏季草季宿营地是不变的居住点。无论春、夏、秋三季去何处游牧，冬天总是回到原来的住所。所以，冬季营地一般都建有许多固定的小房，周围附以畜栏，如果没有房屋，最少也有用草皮、牛粪围成的防风墙和牛粪圈。[2] 如今，这一游牧模式较为普遍。

洞穴是人类最原始的住所形式。在关于藏族起源的神话故事和历史典籍中，对原始社会早期藏族祖先的居住形式就有简要的记述。如西藏苯教史

《法原》中就有“此前人鬼未分时，已有六天之世纪，无数年间人居住，地洞岩穴为人家”。诚然，藏族祖先最初的住所亦是洞穴。另外，经过科学考察也证实了西藏地区有很多人类居住痕迹的洞穴。这些都揭示了藏族先民最早是以洞穴为住所的事实。

距今上万年的远古时代，高原人用猎获的动物皮和树枝盖起简陋的蓬盖，住在山洞或地坑里，用动物皮和树叶等来遮挡雨水和寒风。这些即为今天牛毛帐篷的前身。牛毛帐篷的形成和完善经过了漫长的岁月，可以说是在藏族人民几千年的生产劳动中才得以完善的。

藏族的牛毛帐篷，俗称“黑帐篷”，是以树枝和兽皮做简单掩体发展演变而来的。对于广泛活动在森林地带的藏族先民来说，用树枝等自然植被来营造住所是在洞穴时代之后产生的一种居所形式。根据藏族考古资料分析，在中石器时代捕猎工具和家畜的出现，为皮帐篷创造了条件。至新石器时代，社会生产力得到了较快的发展。由于野生动物驯化的家畜大量出现，牦牛是主要的家畜之一。同时骨器、骨针等工具的出现使其皮帐篷也有相当大的改进。

随着畜牧业的发展，牦牛数量的不断增长，藏族先民逐渐开始了迁徙游走的生活。为了适应这一生活方式，黑帐篷也随之出现。《新唐书·吐蕃传》记载：“联帐以居，号大拂庐[1]，容数百人。”在敦煌文献中也说：“藏人房屋及牛毛帐篷，赞普与贵族居帐篷，大帐篷能容纳数百人，赞普帐篷的周围多竖以旗杆，以军训守。”[3]可见藏族早期就有住帐篷的习惯。

2 黑帐篷的搭建、内部布置和拆迁

在藏区，帐篷分牛毛帐篷（黑帐篷）和布帐篷两种，二者在结构、造型、功能上无大的差别，只是布帐篷稍小且轻便，富有装饰性。每当夏季草原上举行赛马会或活佛讲经等一些宗教、民间传统节日时，便使用这种布帐篷，辽阔的草原上一夜之间出现了一座帐篷城。帐篷上通常绣着法轮、鹿和

1 拂庐 ：上层吐蕃人所居的毡帐。

吉祥八宝等，具有浓郁的藏族文化特点。这种绣花的帐篷，大多数是由蓝、白两色构成的。居住在卫藏、安多、康巴的藏族同胞，几乎无一例外地选择和认同蓝、白两色作为夏季帐篷的颜色，这也反映了藏民族的审美情趣。因为在藏族人的审美观念里，白色是美好的化身，是善的象征，它代表纯洁、温和、善良、慈悲、吉祥；蓝色勾勒线，含有对蓝天湖泊的崇拜。由此，我们也可以看出藏民族崇拜蓝、白两色的习俗。但这种布帐篷并不常用于藏族牧民的日常生活中，牛毛制作的黑帐篷才是牧民生产生活中最不可或缺的。一般来说，黑帐篷是用牦牛毛织成的粗褐子拼缝而成，其平面形状一般为方形或长方形，篷顶呈坡面分披式，用木杆支撑高约两米的框架，上覆黑色牦牛毛毡毯，四周用牛毛绳牵引，固定在地上。

2.1 黑帐篷的搭建

黑帐篷是一种可以随意搬迁的住所，它的搭建过程较为简单。作为牧人主要的居住空间，搭建工作需谨慎对待。藏族牧人房屋的选址一般趋向是向阳的山坡，且前方或左右有河水流淌。随着季节的变化，牧人的选址标准也会逐渐发生变化。如在夏秋季节选址地势较高，且河水多在前方；在冬春季节选址倾向于阳光充裕且临近水源的山坳。总之牧人在选择家址时主要考虑风和水两个因素。

2.2 黑帐篷内部格局

一般来说，帐篷内部作为个人的活动空间，它是按照主人和主妇等家庭主要成员的个性知趣来进行分配和布置的，没有一个固定的标准。但是绝大部分牧人习惯于这样布置他们的新家：

以中轴线为标准把内部空间分成对称的两半，其中左边为男人的住所，称为“阳帐”，一般铺着牛皮或羊皮等垫子，下角放有马鞍等；右边为女人的活动空间，称为“阴帐”，这也是妇女们打酥油、制作奶酪或做饭的地方，日常的生活器具和奶制品、食物都放在这边，一般家庭都会在这里安置一个货架。妇女们晚上就地铺张牛羊皮便可入睡。当家里来客人时，按性别安置，讲究辈分的排序，客人坐上座，主人们坐下边。灶为前低后高的长方形土台，其前部是一个上大下小的深坑，其中部有两个用来支撑锅壶的小土墩。添加牛粪的口朝“阴帐”，后部有一个小洞，起烟囱的作用。一般的灶台较为简单，也有更大、更复杂的灶台，甚至可以安放两三个锅，但是构造特点基本一样。

帐篷正中最里边的位置及上部的空间是较为神圣的区域。在这里摆放着装有青稞或奶渣等物的毛制口袋或皮袋，上面盖有毛毯。一般是将这里设为佛龛，上面摆放着经卷和活佛的照片、净水碗、酥油灯等，有的人家在佛龛上方挂有唐卡。帐篷最里面柱子的上部也是属于神圣空间的范围。在这个柱子上常挂着装有珊瑚、绿松石、青稞、大米、羊毛等物的“央口”，在这个空间里禁忌较多，家人也会十分谨慎。

此外，牧人一般会在帐篷里边和右边紧贴着帐壁整齐地堆放装有粮食、绒毛、衣物以及盛有其他杂物的皮袋子或毛制口袋，这样既能充分利用有限的室内空间，也可以抵挡寒风的侵袭。

2.3 黑帐篷的拆迁

游牧作业是藏族牧人生产方式的主要特点。因此，对于牧人而言，随着季节的变化，驱赶牛羊向水草充盈的牧场迁徙是件相当普遍的事。在广大的牧区，由于气候与草场的差异，不同的地区一年搬家的次数也是不一样的，多则十几次，少则两三次。从某种程度上说，在牧人的生活中搭建和拆卸帐篷成了两个不断重复的重要环节。

搭建帐篷比较容易，而帐篷的拆卸工作就更加简单了。但在拆卸的过程中，在顺利完成任务的同时，若能保持家什和帐篷的完整性，并保证托运到下一个牧场而不影响到正常的生活，是需要一定经验的。一般来说，较大的帐篷需要两个人来拆卸，这样才能保证顺利地完工。在拆卸之前需要把帐篷内部的所有家什搬出来，并用绳子或袋子捆绑成垛子。拆卸帐篷与搭建帐篷刚好相反，需要从里面开始动手 ：先把柱子和梁全部卸下，然后把帐篷外围的所有立杆放倒，再解开所有的绳环，包括连接阴帐和阳帐的绳索，之后

就是叠捆帐体。小帐篷可以捆成一个垛子，而较大的帐篷需要分成四半，捆成两个垛子。在叠帐篷时，先把前后两边收起，这样帐体就是一块基本呈长方形的褐料，然后叠合就相当容易。捆绑工具就用帐篷上的绳子即可。拆卸工作说起来相当的简单，但实际操作起来还是有一定的难度，需要讲究技巧和方法。

3 帐篷建筑的功能特点与文化禁忌

3.1 帐篷建筑的功能与特点

自古以来藏族的广大牧民就延续着一种“逐水草而居”的生活方式，但是这种逐水草而居的生活，使得人们必须根据季节改变一家人的居住地。因此，像那些要耗费大量财力、人力、物力建造的定点房屋显然不适于这种生活需求，于是便于搭建的帐篷成了最好的选择。加上青藏高原的海拔和环境的独特性，使得青藏高原的牧民帐篷与其他游牧民族的帐篷存在着明显的区别。

藏族牧民的帐篷在篷顶开有一条宽约 50 厘米、长 1.5～2 米的天窗，天窗上有一块活动盖帘，白天和非雨雪天开启，用以采光和通风，夜晚和雨雪天则关闭。帐篷的门一般开在背风的方向，门帘一般为定式，有的是以左右帐抄合而成，白天撩起，晚上关闭；有的则专门制作两片门帘，进出时，这些小孔中有更细的牛毛，雨水不会渗透到屋里。而且牦牛帐篷不仅耐用，还具有防腐、防晒、防潮等性能，可谓是牧区藏族在严酷的自然环境下，为适应生产生活而创造的一种独具藏族风格的移动住宅。

3.2 帐篷建筑的文化禁忌

自原始社会的自然崇拜开始，藏族牧人就生活在一个充满神灵的世界里，藏族人普遍认为山有山神，水有水神，并且神灵无处不在，无时不有。黑帐篷既是藏族牧民重要的生活场所也是人神共同居住的场所。其主要崇拜对象为帐篷神和灶神等神灵（图 3）。

帐篷神即为牧人的家神，一般居住于黑帐篷里柱的上方（牧人意识里袋

图 3　青海牧区草原牦牛黑帐篷远景

为多）。牧人认为这样不仅可以守住家里的福泽，而且还能增盈福运。此外，因帐篷内居住着帐篷神，所以不能在帐篷上晒衣服，尤其是裤子、袜子等；不许在帐篷后面“方便”，等等。因为在藏族牧人的意识里帐篷神统管着家里包括牲畜在内的一切，若稍有冒犯，就可能会给家庭带来灾祸。所以，对待帐篷牧人时刻谨慎行事，表现出对帐篷神的崇敬之情。

灶神在藏族人的观念里是一个较为重要的神灵，牧人也不例外。灶神是依附于灶台而存在。牧人普遍都认为灶神很爱洁净，灶台要收拾得干干净净，不能在火灶中烧头发、指甲、骨头、油脂、葱蒜等东西。如果在山上遇到三石灶，也不可以从上面跨过，否则灶神会发怒而家人也跟着遭殃等。因此，每当换季搬迁时，牧人都会将自己住过的地方收拾干净，并且要在灶台里或在经常作为祭台的地方点燃柏树枝等煨桑，以此表示对当地的山神、土地神的感谢。

另外，牧人在选址后帐门要朝东，忌讳朝西；在座次上特别讲究辈分的排序，老人要上座，年轻人坐下方；家里来客人时，宾客要坐上方，主人坐下方；在帐内，一般物件要放下面，而神物要放到上面等。帐内有“阳帐”和“阴帐”之分，在牧人的传统观念中，双方的成员不可以随便跨越生活“界线”到对方的区域活动，正如民间谚语所云：“女性不坐阳帐，男性不居阴帐”。但是作为一个家庭，生活在如此狭窄的空间里有时也难免会“违背”原则。

4　结语

对于生活在世界海拔最高地域的藏族人来说，游牧是其主要的生存方式

之一，因而游牧文化在藏族文化中占有重要的地位。而成为其标志的黑帐篷与牧人的生存环境、生活方式等有着密切的联系，它不仅展现了藏族游牧文化的历史，而且揭示了藏族游牧文化与青藏高原环境之间和谐相处的关系。由于生态的变化与气候的干旱，高原的自然环境在近百年来一直处于退化趋势，尤其是在20世纪初期，西部大开发战略的实施，国家为了治理日趋恶化的青藏高原环境问题，采取了退牧还草政策。由于青藏高原“生态保护区域的核心地带正是牧区的中心地带，因此藏族牧人响应国家政策，放弃传统的生活方式，搬迁到城镇附近或规定的集体定居点开始过新的生活。这一改革措施使藏族原有的生产方式发生了改变，大部分牧人已经或正在住进砖房，黑帐篷逐渐退出了人们的生活。虽然仍有一部分牧人存在，但在国家特殊政策的惠顾下，定居已成为必然。至此，黑帐篷的时代即将宣告结束。藏族牧人的居住形式从游动的黑帐篷到定居的土石瓦房的嬗变，不仅是藏族游牧文化变异性的表现，同时也深刻地反映了藏族游牧生活方式的演变过程。

总之，藏族牧人的居住从游动的黑帐篷到定居的房屋的变化，为我们敲响了警钟，黑帐篷逐渐被定居的房屋替代已经成为不可扭转的趋势，我们应把它的制作和相关文化及时加以保护，并将它的构造方式、建筑特点、制造程序融入到文化产业化的行列，同时改进技术让它与现代牧业相适应，让这一民族文化继续传承下去。

参考文献

[1] 陈复生. 西藏民居 [M]. 上海：人民美术出版社，1995.

[2] 格勒，刘一民，张建世等. 藏北牧民——西藏那曲地区社会历史调查 [M]. 北京：中国藏学出版社，2004.

[3] 康·格桑益希. 藏族美术史 [M]. 四川：四川民族出版社，2005.

[4] 杨嘉铭，杨环，赵心愚. 西藏建筑的历史文化 [M]. 青海：青海人民出版社，2003.

明轮藏建的理想是

致力于少数民族建筑历史文化的理性梳理和合理传承

并用理论指导和优化广大西部文化品质型城市建筑空间的建设

青海明轮藏建建筑设计有限公司

联系地址：青海省西宁市城中区南山路33号
（邮编810000）

联系电话：0971-8227843

网　　址：http://www.ml-zj.cn/

论藏族民居装饰的嬗变[1]

夏格旺堆[1]

当代藏族民居装饰的内容和形式已经远远超出了传统藏族民居装饰的表征，它已不拘泥于传统藏族固有的石木结构与白墙形成的装饰特征，而是融入了过去王宫、园林、寺庙等建筑装饰艺术特征，无论是结构的布置或形式的设计，越来越倾向于一种融合，使民居建筑装饰呈现多元化与丰富多彩。这可能是当代藏族民居装饰艺术的最突出的特点。

这种以多元化和丰富多彩为特征的藏族民居装饰，主要集中于经济文化交流较频繁的地区，以西藏中部的拉萨、日喀则、山南等地为主，在西藏其他区域也正在或逐步发生着这种变化。探究这些变化的原因，最为主要的是社会制度的变革、经济的发展和人们观念的转变。

在此，我想通过对一些常见民居装饰要素个案的叙述（图 1），分析当代藏族民居装饰艺术特征及其嬗变。

图 1　藏族地区石砌民居

1　夏格旺堆，西藏博物馆。论文出处：《中国西藏》，2001.03，第 135-145 页。

1　装饰要素

1.1　门饰

藏族民居门饰内容丰富而又复杂，门面装饰部位包括门板（或门扇、门扉）、门楣、门檐、门壁左右、门廊左右、门廊天花板等。在此，择其个例进行叙述。

1. 门板装饰

门板装饰分为涂饰和挂饰两大类。涂饰是在门板上涂颜色，普通民居门板有的不涂饰不挂饰而留存门的材质色（即为门板材料原色），也有的涂黑、涂红等。总的来讲，涂饰门板以黑色为主，其他颜色涂饰可视为个例。挂饰是在门板上钉挂金属等材料做成的饰品，有横向条形包装、门环、门环座等。一般情况下，挂饰是在涂饰的基础上形成的。涂饰中较常见的门上装饰内容有日月、雍仲，以及用糌粑点缀的寓意吉祥的各种造型。挂饰中以门环座与门环造型取胜，环座总体形制为半球形，环为圆形。普通民居的门环座，或为素面而不行修饰，或为线刻的简单图案。宫殿、寺庙的门环座多为浅浮雕的异兽（亦称水兽、海兽）图案。门环套于水兽嘴部，且雕塑成龙形。有的以镂雕技法来表现各种趋吉辟邪的图案，但一般不在门环座与门环上饰色，而是保留原材料颜色。一般而言，门板的涂饰可作为绝大多数民居门板装饰的主要特征，而挂饰可视为王宫寺庙等的主要特征。但是，当代藏族民居中，这种界限的存在可说是越来越不那么重要了。

2. 门楣装饰

门楣是门框上边的部分，它的最高级别的装饰构成是自上至下，依次为狮头梁、挑梁面板、桃梁、椽木面板和椽木等五层重叠而成的。这种级别的装饰，一般情况下出现于传统藏族建筑寺庙与宫殿的门楣装饰中[2]，它以雕饰与彩绘技法来表现。普通民居门楣装饰中，尽管出现三层和五层重叠形成的门楣雕饰与彩绘相结合的装饰，但几乎见不到门楣最上方的狮头梁，而以其他较为简单造型图案来替代这种形式。这种装饰级别的界限，至今仍是民居与王宫寺庙最为明显的一种装饰要素。普通民居最为常见的门楣装饰，是以椽木面板和椽木构成的建筑结构基础上，进行简单的雕饰与涂饰（图 2）。实际上，这种结构门楣装饰是与门额装饰混融一体的。

图 2　丹巴藏寨民居

3. 门额装饰

门额是门楣上边的部分，这似乎与人的冠帽相似，既用于防雨水，又能起到装饰效用。普通民居门额的构成较为简单，最上方部位铺垫一层斜坡状夯打的泥土，其下为外突的薄石片。它的下方就是椽木面板和椽木等结构与门楣混融一体，这可能是普通民居较为主要的门额装饰特点。

某些宫殿以及大昭寺附近院落民居门额，虽然其结构形成的装饰，有点近似于普通民居门额，但绝大多数的门额是与门楣装饰独立而存在的。这种结构首先是从门楣向外构成二层，其中起决定作用的是出墙斗栱托木。藏语中称这一建筑构件为“森拉”（狮爪）。就此类构件而言，时间的断限以及形制类别的不同是显而易见但又复杂的（主指木斗形制）。所以，有学者从这一特殊而又常见的建筑构件入手，分析和叙述过西藏寺庙建筑年代的划分[3]。可见这一构件在更早时期，是与寺庙建筑平行发展的。现在，也有个别民居采用这种装饰形式，而且斗上承重的短柱（似为狮爪）数量，上层大多为五根，下层大多为三根。个别上层短柱数量为七根，寺庙建筑中上层短柱数量也有九根的，但下层数量一般为三根。此外，还有其他不同于这里所说形制的很多类别，在此省略。这种门额有三重或五重的，装饰特征与无狮头梁门楣近似。

4. 门檐装饰

门檐指围墙上作屋顶状的覆盖部分。如果我们留心观察周围藏族民居，尤其是在西藏中部，我们可以发现这一区域的门檐，大多做成塔形建筑装饰。且在门檐下方正中位设有小型方龛。那么这种建筑装饰最初取自于何处？据扎什伦布寺嘎青·多杰坚参活佛所述，这种塔形造型装饰，最初取自于佛教密宗中的坛城造型，是为建造神殿、主体坛城以及寺庙形制的依据。只有在神圣的供养佛法僧三宝之所，才可以见到这种造型[4]。这么看来，我们可以把这种造型的来源，至少追溯至桑耶寺的创建时期。桑耶寺的平面布局和立体结构的设计，无不围绕坛城造型为依据[5]，想见当时的门檐造型装饰也应该与此有关。现在我们看到的维修过的桑耶寺东门就是垒筑七台的塔形装饰。当然，造成这一事实的更深刻的原因，并非本文所要解决的。

门檐正中的方龛同样与塔形建筑一样，采自于寺庙建筑造型。民居中的方龛里，常安放十相自在或玛尼石刻，有些地方还安放有关神祇雕塑或驱邪物。但寺庙的方龛里，据说安放噶当式佛塔，且为代表三依怙主的红、白、黑三色塔。扎什伦布寺的方龛里安放的就是这种佛塔，而且过去是金属制作的，但后来被偷，现在安放的是泥塑三色佛塔。

另外，民居门檐最顶部还安置有白色石块、牦牛头、泥土堆砌物等，无不具有象征意义。这些都与崇拜、禁忌、祈愿等有关。这种具有某种实际意义的装饰特征，应该说是早于佛教文化的古老习俗之延续（图 3）。

图 3　西藏中部地区民居

5. 门廊装饰

这里所说的门廊，主要是指门后设置凉棚形式的走廊，亦称甬道，它的装饰部位主要是左右两面墙。普通民居一般都不是很在意修门廊，即使是修了门廊也很少见左右两面墙上的装饰。过去，这种装饰主要见于宫殿、豪宅，而且装饰手法主要为彩绘。神殿彩绘常见内容有世间轮、四大天王等。王宫门廊一般为“财神牵象”和“蒙人驭虎”等。现在民居也仿效这种装饰，或在开门易见的一墙上绘制其中的一种内容（这种装饰常见于单扇门结构中），或者左右两墙绘制各不相同的两种内容（这种常见于两扇门结构中）。据解释，“蒙人驭虎”表现或象征的是三依怙主：人为观音、铁链为手持金刚、虎为文殊[6]，可使人们预防瘟疫、招福呈祥。“财神牵象”中，行脚僧为财神毗那夜迦之化身，大象为其坐骑，象征招财进宝之意[7]。

6. 门壁装饰

门壁主要是指门外周围左右墙，它的装饰手法是涂绘。普通民居门壁装饰内容与其门板装饰内容有时是相同的，主要有日月、雍仲、蝎子图案。这些图案出现于以白色为底的左右墙上，也出现于黑色为底的门板装饰中。涂绘这些图案的颜色主要是黑色、白色和红色。而作为门壁装饰出现时，其底多是自白墙。这种涂绘图案颜色的区别，表现于日喀则地区以黑色涂绘出蝎子，而拉萨、山南等地以红色涂绘蝎子。这一点是大的区域在表现装饰图案的较显著的特点。日为红、月为白，雍仲有白也有红色，这一点似乎没有更突出的地域特征。除此而外，门围壁上一般涂饰黑色带的门形装饰，这点将在后文再叙（图 4）。

图 4　西藏拉萨、山南地区民居

如果我们撇开这些图案所选择的颜色，按最为简单而又较为单一的一种释图方法理解和认识这些图案所含寓意的话，那么可以得出如下的简单答案——正如常语所说“日月同辉”，表达的是一种永恒不变的誓语或信念。这既是对生命无常而人们往往渴求它能永存不变的向往，也是人们对某种信念能够坚定不移的希望。所以，一般情况下，作为民居装饰中的日月图案所表达的寓意也与

此相同[8]。雍仲图案，是一种很古老的标志符号，这一符号并非哪一个民族所独有。在新石器时代晚期的中亚等地古文化中出现的这种符号，是目前这一符号在世界范围中出现的最早实物资料。我国境内主要出现于北方草原游牧民族文化中，这一时期对这种符号的名称说法与解释可以说是“百花齐放”[9]。按现在所掌握有关资料，藏族文化中除了出现于藏西北岩画中外，普遍存在于民间的各种实物装饰中，另外还跟雍仲苯教认为它包含有坚固不摧与恒常不变之意有关。作为民居装饰，她仍然含有这样的寓意。蝎子图案，有些地方以灶神形象来理解，且认为是一位女性鲁神——鲁莫（klu-mo，有人译为“龙女”，因不敢苟同，暂留音译）的化身。作为灶神形象的蝎子图案，一般见于厨房烟熏变黑之墙上，用白色糌粑点画。据说，蝎子以白色来画出，主要是因为灶神是一位“身裹素妆，佩带瑰玉，手持金勺的美丽女神”，她的服饰是白色的[10]，所以蝎子应用白色来画。然而门壁装饰中的蝎子，又为什么出现黑色与红色形象呢？这一问题，笔者还不能有更好地解释。但有一点似乎可以作为参考，那便是这种颜色也许不具有更深刻的涵义，作为门壁装饰与“鲁莫”的化身，她所赋予的真正涵义应该与符号在人们社会生活实践中已被扩大化了的延伸寓意存在某种联系。这种现象除在民居装饰中存在外，还存在于藏族社会生活的许多层面中。所以，蝎子图案出现于门壁装饰，除了有神与灶神相关的对饮食富足的祈愿外，还可能有种辟邪与象征吉祥的寓意吧（图 5）。

图 5　甘孜炉霍地区民居

1.2 挂立风幡的屋顶附属建筑

在民居屋顶设置挂立风幡的附属建筑的做法，最常见的地理范围仍然是西藏中部的平顶方形石木结构民居建筑。过去有关资料里称这种建筑为“碉房”[11]，本文暂借这种称呼。从大的区域来讲，碉房建筑是西藏民居的主体建筑，只是因地理环境与风土人情的不同，西藏东部、东南以干栏式建筑为主。又因上述原因，藏东干栏式建筑的屋顶为平顶居多，而藏东南以人字形左右斜坡顶为多。这种区域性特征，同样反映于设置挂立风幡的建筑附属之上。藏东南不太盛行在屋顶挂立风幡，只是村落附近的某个赋予涵义的位置，才有挂立风幡的习俗[12]。而西藏中部，各家各户一般会在屋顶设置挂立风幡。

风幡在屋顶的方位也有所不同。较常见的设置于屋顶的后方两角，比如日喀则和山南民居大多如此。不过，日喀则有些地方（如南木林县加措乡）在屋顶后方两角中心处增设一座，共为三座，且涂成红色，与“柴火墙”形成一种类似寺庙墙檐装饰的“白玛草层”，既实用又独具装饰效果[13]。

在山南、拉萨地区，其方位有设于后方两角的（这是常见的方位），也有设于屋顶前方两角的，甚至个别家宅四角都设置。形式上中部盛行垒砌一座方形台式，在台墙内角竖立风幡杆。而在普兰县和亚东县等半牧半农的某些地区，屋顶四角竖立风幡杆，杆上不挂风幡，用线连杆后在线上挂许多风幡。这种形式据说是为了能够更大规模以及更盛大的“仪式”来实现风幡带给人们的福运与吉祥。也就是讲风幡数量的增多，会使人们得到更多的吉祥与运气。这种建筑附属的涂色差别，具有较强烈的地域特色。拉萨地区以红色为主，日喀则以黑色为主，山南扎囊、贡嘎等地又多为白色，而山南琼结县民居的这种建筑附属多为黑色。这只是一种大的区域大致的区别，其他个别的涂色方式在此不一一列举。实际上，绝大多数建筑附属的颜色与民居墙檐涂饰的颜色是相同的。

以笔者之见，早期藏族民居的屋顶上不应该存在专门的挂立风幡的建筑附属。其原因有二：首先，根据根敦群培先生的研究，认为风幡最初的形式是“一根长矛”，而且立于门上，其用意是显示“军威”。这种形式的产生，被认为始于吐蕃时期[14]。其次，若我们把民间屋顶的这种装饰认为是苯教中对战神（屋顶左角）和阴神（屋顶右角）的祭奠行为，那么在更早时期，也就是莲花生大师进藏进行苯教和印度密宗间的融合之前，苯教对自然神（或世间神）的祭祀，有其专门的场所。而且，这些场所一般都设于山坡高处。比如，莲花生大师改宗过程中，把苯教的“赞卡尔”（btsan-mkhar）从山坡高处移于山麓或平原寺庙，改其为“护法神殿”（srung-ma mgon-khang)[15]。随着佛教势力的日益强盛，使得许多本教的仪轨与行为方式日渐削弱。有关更为原始的做法，不可能拥有专门的活动场所。然而，这些更为原始的做法在民间世代相沿。那么，它存在的方式与表达的途径也就有了另外一种形式。这便是人们把最初宗教的观念与某些仪式，融会于民风民俗，使其找到一种更为有效的表达方式。就设置挂立风幡的建筑附属而言，也应随着门前竖立一根长矛渐变为寺庙屋顶法幢的形式，从而这种具有某种实际寓意的寺庙建筑装饰，会与民间屋顶建筑装饰相互影响，相辅相成。很多地方对这种建筑附属称为“战神”座与“阴神”座，甚至还有“尚神”座（如南木林县加措乡），它并非很古老的行为方式。如果我们将这种屋顶建筑附属解释为一种古老习俗的祭奠场所，且在出现“一根长矛”立于门前之前就存在，从而人们通过这种方式来完成祭奠仪式，那么诸如“赞康”（bt-san-khang)、“赞卡尔”（btsan-mkhar)、“寸康”（mtshun-khang）等进行专门祭奠场所的名称的出现，恰恰为我们澄清了这种疑虑。这些专门名称，是作为一种文化现象而出现的。“赞康”和“赞卡尔”主要是祭奠地祇或地神的庙堂，“寸康”主要是祭奠祖神的庙堂或宗庙[16]。况且，祭奠仪式是当时最重要的活动，王臣以“一年行小祭，三年为大祭”[17]，是通过群体行为方式完成的，而非以家庭单位来完成。这些记载，也只是一种反映，更不必提久远年代的仪式又是如何的了。

所以，愚以为这种建筑附属在屋顶的出现，最早也不过吐蕃之后，而且因寺庙屋顶法幢等装饰的出现而日臻完善。这一点，似乎与《唐书·吐蕃传》中所记藏族民居特征时说“屋皆平顶”的载录相吻合。

1.3 民居颜色装饰

民居外墙体涂白色是绝大多数碉房建筑的特征，也是藏族民居外墙涂色装饰的主流。不过，萨迦附近居民采用的外墙涂色方式独具风格，墙体以灰蓝色为主，配以红、白色带衬托的装饰，显示鲜明的地方特色。无独有偶，山南地区曲松县政府所在地附近村落，外墙以灰蓝粉红为主[18]，而林周县春堆乡的民居外墙以暗灰黄为主[19]。这种独具匠心的外墙涂色装饰，不仅与地方文化相关，且与当地资源有关。墙涂色装饰的部位，主要有墙檐、墙体、窗围、门围。

1. 墙檐

墙檐最成熟的建筑结构应为墙的顶部以阿嘎打成左右斜坡，下铺薄石片或石板为防雨水滴水，其下覆椽木面板，面板下是外突墙的椽木，然后隔一定距离为仿寺庙建筑“白玛草层”的条状墙（也称“准白玛草层”或女儿墙），其下覆椽木面板，面板下是外突墙的椽木，再下为房屋墙体。很多时候，墙檐装饰由这种结构上的差异而有所区别。

日喀则地区民居墙檐中的“条状墙”，绝大多数以黑色进行涂饰，有的在墙檐上方亦即上方椽木面板和椽木涂一条红色带，有的没有这种结构且只涂一条红色带。下方椽木面板与椽木的结构，一般民居都有设置的，而且也都要涂上红色带。拉萨地区这种结构的民居，尤其是堆龙德庆县、尼木县、曲水县等靠近公路边上居民的墙檐，就没有上下层次颜色的区别，都涂成红色带。甚至包括墙顶斜坡，也都涂成红色。而在山南琼结与乃东雅堆一带，将墙檐涂成黑白相间的花色。在其上面的装饰更耐人寻味，除了涂绘传统的图案外，还装饰有西文的“ok”等很时髦内容的图案。实际上，墙檐更为古老的形制应当是以薄石片作为防雨滴水，它的上面是夯打的泥土，下面直接形成墙体，墙体绝大多数也是白色。所以，在墙檐中除结构形成的装饰外，就没有什么其他形式上的装饰特征了。

2. 墙体

如前所述，藏族民居碉房建筑外墙涂白色是民居外墙涂饰的主流，除了有其外观装饰特征外，更重要的是一种民族心理积淀的反映。把墙体涂成白色而言，一种是整个墙体涂白色，另一种是局部洒泼成白色，但这两种装饰所表达的寓意是相同的。与这种墙体颜色不同的装饰，可视为个例。如萨迦寺附近村落的灰蓝、红、白构成的墙体装饰与曲松、林周等县的某些地域，就属这种个例。

3. 窗围与门围

窗围与门围涂色装饰，据笔者掌握的有关资料，一般只有黑色，还未见其他颜色装饰。这种装饰的形式仍然是色带，且与窗与窗额，门与门额构成的形象近似。这不仅是窗与门的一种装饰，而且蕴含深刻的寓意。

颜色在表现某种文化特质所扮演的角色，在世界各地具有相同的性质。只是每种颜色在某个特定的文化中所赋予的涵义或寓意是千差万别的。据西方研究者对原始初民文身所用颜色品种的调查确认，彼时对颜色品种的利用是相当有限的，“通常为三色，最多是四色，即红、白、黑以及黄色”。其中，红、白、黑三色的利用较为普遍[20]，作为藏族民居建筑外观装饰，这几种颜色也是常见的。但是，这些颜色在藏族文化中又赋予怎样的寓意？

（1）白色。关于白色在藏族文化中的意义，已经有许多可以参考的研究论文与文献资料。其中，木雅·曲吉坚参先生的《藏族传统建筑外墙色调简述》[1] 一文，对白色运用以及涵义流变进行了较为全面的叙述。认为白色运用于建筑装饰，是与吐蕃先祖最初的经济形态（亦即游牧生活）所导致的生活方式与生活实践有关。游牧经济中常见饮食“酪”、“乳”、“酥油”称为“白色”产品，且与不杀生有关的糌粑、面、水果等食品构成“白宴”。这种“白宴”不但吐蕃时期存在，而且到西藏民主改革之前西藏地方政府的宴席中仍有这一习俗的遗留。随着藏族最初游牧生活方式变为农耕定居生活，这一古老习俗形成的“白色三祭品”逐步运用于建筑装饰。伊始涂墙的方式是乳汁里配水后对墙体进行“白色”装饰，这种习俗仍见于四川理塘、甘孜、

1 载《西藏研究》，1999 年第二期，藏文。

木雅等地新建房屋的装饰中。而低地山谷农村，在对新建房屋墙体进行白色装饰前，在其周围的大石块洒泼白色。这些做法都与古老的“白祭”习俗相关。另外，石泰安在他的名著《西藏的文明》[1]中认为，白色是天神的颜色，山顶白色的玛尼堆等石块垒起来的“祭坛”，都与相应颜色的神的祭祀是相关的。从这点讲，很多有关白色的研究大致上是相同的。白色在民间文化现象中充当的角色是耐人寻味的。人死出殡时，村落的每户门前用白灰来画线，一种是为了亡魂不对生人加害，另一种是为了亡魂能顺着白线指出的“道路”，顺利过关“中阴”而到阎王处接受“判决”。田地中央安置一块涂成白色的石头，这石头象征田神“仓瓦”（tshangsba）[21]，是为祈求丰产。如此种种由白色而形成的各种文化现象，不仅存留有古老的象征意义，而且它的涵义也在发生着进一步的扩展。洁白的哈达、洁白的雪山、洁白的心灵、洁白的糌粑等都表达一种人们对“白色”的特殊心理。

（2）红色。藏族人对红色的倾爱，也具有相当久远的历史。距今3000—4000年左右的拉萨曲贡遗址[22]、山南贡嘎昌果沟遗址[23]、山南琼结邦嘎遗址[24]中，就有众多砾石工具涂成红色的习俗。红色在早期人类社会生活中的出现，具有普遍性特点，属于旧石器时代晚期。在法国发现为代表的西方的克罗马农人（距今35000—10000年）和我国的山顶洞人（最新说法距今25000年），都有在人骨周围撒红色赤铁矿粉的习俗。这种习俗，“无论在时间上还是空间上，都具有相当的普遍性：从库库提恩到欧洲的西海岸，在非洲则远及好望角，它见之于澳大利亚，见之于塔斯玛尼亚，见之于美洲。亦见之于火地岛。”[25]并且，这些地方的人们都相信灵魂不灭。故此有学者认为，红色象征着血与生命，撒红色赤铁矿粉是为了使人再生[26]。

在此，暂且不说曲贡等先民涂红色于砾石工具之上具有怎样的涵义。但我们通过《旧唐书》等有关文献记载了解到，吐蕃人有“赭面”的习俗。而且，赞普（藏王）服饰、宫殿、赞神、军旗等全为红色[27]。这些足以证明，

1 耿升译本，中国藏学出版社，1999年版。

吐蕃时期藏族人对红色的“偏爱”。现对红色理解为能够避邪、吉运升腾等的含义，在民间更是一种共识。

然而，这些种种关于红色的文化现象又是如何影响着民居建筑装饰呢？研究这一问题前人没有留下可资参考的具体文献资料。只能依据零星流散于各种文献中有关红色现象的叙述与某些更为原始的仪轨，从而进行一种推测。根敦群培先生在《白史》中有这样一种推测，民众效仿赤尊（尼婆罗公主）在红山修筑红宫时，顶部用箭矛装饰之法，将赞神府修筑成（顶部）饰有箭矛的红色碉楼与山顶祭祀场所……”[28]这一推测给我们提供了两项值得注意的信息：一是红色在建筑装饰中的出现，始于王宫建筑；二是红色在民间建筑装饰的出现，始于修建祭祀场所。如果这一推测正确，那么我们可以把红色运用于建筑装饰的最初时间认定为吐蕃时期，而且我们也知道红色作为建筑装饰的最初形式是怎样的了。不过，使笔者疑虑不清的是，相传距今 3800 年左右前形成的“象雄十八王”时期，在象雄上、中、下部都修建有宫殿和城堡，其中象雄中部修筑有四大城堡：①琼龙银城（今古格夏孜）；②普兰虎城（今普兰县中部）；③玛邦香城（今玛旁雍措湖东岸）；④拉祥玉叶城（今冈底斯山北）。除此而外，在象雄所属的上、下部领地上，也修建有众多的城堡[29]。那么，这些城堡与宫殿到底有没有涂色装饰的做法，如果有又会是怎样一种形式呢？

根据目前我们对红色在建筑装饰中运用的形式与意义的理解，除了根敦群培先生的上述推测与《唐书》中有关吐蕃人使用红色的记载外，还有石泰安先生及木雅·曲吉坚参先生的解释。他们都认为红色运用于王宫及后来民居装饰中的缘由，与苯教的“红祭”（或称“血祭”）有关。所不同的是，曲吉坚参先生认为还跟藏族的“红宴”有着不可忽视的联系（见前引资料）。他认为“红祭”是以牲畜牺牲献给护法神，形式是将牺牲的皮肉、血及五脏六腑献于祭坛上。与此同时也有用火焚烧牺牲的肉及脂肪来完成祭祀仪式的。“红宴”指牲畜的血肉为主食的庆宴，主要用于“庆贺战争的胜利，武将的喜宴和设立盟誓的仪式等”。故而，他对红色使用于建筑装饰中的源流及其大致发展脉络做了推测：“由古时设‘红宴’到面涂红色，穿红装到额上系带红布，原始宗教的红祭到用（牲畜）血祭涂饰赞神府（外墙），以及将古代坟墓涂红的习俗逐步演变为运用于灵塔、护法神殿等，最后发展为牲畜血由赤铁矿替代而用于建筑（装饰）中”。

至此，我们可以将根敦群培和木雅·曲吉坚参两位先生的推测与有关“象雄十八王”时期修建城堡记载结合起来进行讨论。探索一下“红色建筑”在古代藏族社会中是如何发生、发展的。

第一，根敦群培先生认为，红色在建筑中的首次运用，可能始于布达拉宫的红宫建筑中。作为这一推测的旁证，《白史》中有这样一段叙述：“龙粗玛如达宫、旁塘康莫切宫和查玛真桑宫等，这些都无据查考形制特征为如何。但是，想见王与众臣在绝大多数时，可能居于帐中”[30]。这一推测及旁证的提法是诚恳的，并没有给问题下武断的结论，而是根据已有资料来进行分析与推测。

对于上述推测，笔者感到疑惑不解的是，首先，王宫建筑作为一个社会艺术的集大成者，无论其结构、形式的设计，材料的运用以及工匠技术水平的要求，都会是一种有别于普通建筑的高标准。其次，王宫建筑结构特征的形成，需要参考多种建筑作为标本，这种标本既有外来建筑工艺，更应当有自己民族的建筑工艺。再次，王宫外墙涂红色，绝不会是某种突发奇想的举措。这不仅跟年代久远的对“红色”的一种特殊心理有关，而且应当与某种建筑本身的装饰形式有关。要不然，红色王宫在公元 7 世纪陡然矗立于红山顶上，实在有些说不明白。况且，藏族先民，尤其是居住在雅鲁藏布江中游与拉萨河中游流域的藏族先民，早在距今 3000—4000 年前就开始运用红色赤铁矿粉了。这样看来，文化进程具有传延性，西藏王宫外墙的用色习俗不可能突然被割断，因为这在文化发展史上有些说不通。

第二，木雅·曲吉坚参先生的推测中认为，红色出现于建筑装饰，应当与古老的“血祭”与“红宴”相关。如果事实真是如此，那么在盛行苯教的象雄十八王时期，城堡建筑中就有可能存在红色的装饰。这一可能性，表现在藏族先民对红色的认识、利用的古老历史及其延续性上。正如本文中提到

的有关资料显示，藏族先民早在距今几千年前的时代就已开始认识与利用红色，并且赋予了一定的象征涵义。这种现象渐渐成为一种习俗，涉及社会生活的方方面面，自远古相沿至今。对于“血祭”等仪式的古老性，我们更有理由去相信苯教有关文献的记载。当然，这需要依靠今后更多新材料的发掘与研究。

（3）黑色。藏族使用黑色的最早实物资料，是出土于距今4300—5400年前的昌都卡若遗址的表层施彩陶器与出土于拉萨曲贡遗址陶器[31]。一般来讲，原始先民使用黑色的主要成分是锰化物[32]。卡若遗址陶器是否为锰化物，发掘者未对其成分做分析，故此不能断言。而拉萨曲贡遗址出土陶器，经分析确定黑色成分为炭粒。而且这种黑色使用于陶器，它的工艺是磨花而成的。不过这种黑色的使用，运用于建筑装饰的初始时间为何时，还没有肯定的结论。

按现在我们对黑色的理解，黑色象征着护法神[33]，也有人认为是与蓝色所代表的“鲁莫”有着同样的寓意[34]。如果后一种看法我们也能承认，那么它所表现的形式，可说是较为原始的一种象征表现。前者看法所赋寓意，显然是受了佛教观念的影响。当然，若不分其使用场合而对黑色进行解释的话，它在藏族绘画与五种元素中同样有“风（rlung）”的象征意义。所以，在此我们只能以黑色出现于建筑装饰中所赋寓意而对它进行简要的阐释。

藏族民居以及寺庙建筑装饰中黑色出现常见部位是门及门围、窗围与墙檐。门围与窗围黑色带装饰，可视为碉房建筑装饰中的一种普遍性特点。而这些特点与门板涂黑而不在门围及窗围涂黑相比，显然是一种更为成熟与晚近的装饰方法。除以上涂黑装饰要素全都具备以外，还在墙檐上涂黑的装饰，更可视为最成熟而更为晚近的方法。这样一种大致而又不算是具体分期式的前后时间上的差别，完全是笔者的一种推测。尽管在民居建筑中涂黑具有某种地域性特征，但作为其演变历程，能经历过上述过程。其大致理由如下：

第一，在藏族偏远地区，尤其是没有寺庙、王宫等建筑的某些村落，在黑色使用上，除了民居大院外门涂黑外，就见不到其他部位的黑色装饰。而且，这些地区的门框上部常安放既原始又简单的辟邪性物品。

第二，门围黑色带的出现，在装饰手法与审美观念中，是属于更为进步的表现特征。与此同时，窗围黑色带的装饰同样具有这样的特点。

第三，基于上述原因，若我们认为黑色是与不祥、辟邪、护法神、门神等一系列关于直接危及人们生命财产等事件有关的话，那么它所表达的形式最终变成一种纯粹审美表达方式而失去了原有内容所象征的寓意。

种种关于黑色在建筑装饰中的运用，其象征意义在各个地区是有所不同的。概括而言，黑色作为“护卫”的象征意义可以说是较为普遍的一种理解。

2 结论

以上通过对藏族民居较常见的三大装饰要素的叙述与分析，简略叙述了这些要素的变化与特征。重点是通过对卫藏地区民居装饰特征的叙述，梳理了其演变过程。其目的在于抛砖引玉。这篇文章完全是一种尝试性的，其中的推论也只能是一种参考。文章的最后，笔者想对这些装饰要素的变化原因，做个简单的总结。当代藏族民居之所以发生本文中所述的这些装饰变化，除因为社会制度变革、经济的发展及人们观念的转变，还跟以下几种原因有关：

（1）审美意向的转变。在以制度变革与经济发展为前提形成的人们的审美意向转变，逐渐渗透于民间建筑装饰中。这一转变过程中，以审美价值作为民居建筑装饰的一种尺度，或是表现民居主人的某种能力，或表现民居主人对某种造型与形式上的偏爱。如在民居建筑装饰中出现的仿寺庙、宫殿等的“白玛草层”装饰，这样一种装饰，在过去不见于普遍的民居中，而是由于上述前提。这种装饰随人们审美意向的转变而变化。

（2）技术革命的发生导致文化形态表现的多元性与统一性。技术革命的结果不仅仅表现在新产品的问世，而且表现于这些产品在社会方方面面文化进程中所扮演的角色。这是某种文化现象作为整体而表现出来的形式与内容的统一，也是民居装饰要素发生变化的一种原因。这种变化由材料不同而产生。如使用琉璃瓦、水泥、铁皮等材料，一定程度上已经使传统民居发生了变化。这些变化的主要特征是多元性而统一的。多元的是装饰形式的丰富化，统一的是某个区域的传统沿着技术革命带来的结果而发生着各具特点的装饰变化。

（3）流动人口与技术工人的扩散，使民居装饰呈现前所未有的多样化。人口流动历来是文化呈现多样化特征的一种原因。作为民居装饰变化的原因，也具有同样的特点。这些流动人员一旦定居于不是成长他（她）自己生长的区域，他们会把自己原有某种文化的因素一同带进这一区域，使这一社会的文化具有多样性特征。其中，技术工人的扩散，更使当代藏族民居装饰在区域类别的差异上，显现出越来越复杂的特点。如拉萨郊县的技工到林芝等地去建造具有拉萨民居装饰特征的房屋，而在阿里和那曲的牧区，又有从日喀则西北各县去建造房屋的工人。这些技工都使当地的民居景观呈现一种前所未有的多样性特点。

参考文献

［1］ 本文中参考资料和口授资料标有引文注明外，其他许多素材都为笔者调查所得，除特殊需要外，不再另外注明。

［2］ 张怡荪．藏汉大辞典[M]. 北京：民族出版社，1993.

［3］ 宿白．藏传佛教寺院考古[M]. 北京：文物出版社，1996.

［4］ 据 2000 年 5 月 3 日笔者拜访扎什伦布寺噶青·多结坚参活佛时的记录整理。

［5］ 宿白先生著书第 58 页“西藏山南地区佛寺调查记”节；西藏文物管理委员会《西藏扎囊县文物志》第 25 页至第 37 页“桑耶寺”条，1986 年 8 月。

［6］ 2000 年 5 月 3 日笔者拜访扎什伦布寺格隆阿旺多结时先生的口授。对于“蒙人驭虎”的这种解释，笔者是第一次听到有这种涵义，正确与否恳望方家指正。

［7］ 张怡荪先生主编辞典第 3125 页“财神牵象”条。

［8］ 日、月图案也有称作“日月雍仲”的。在《修福》(gyang-sgrub) 经书中说“生命之日不昏而耀辉，福泽之月犹如上弦月，族系不变坚固如雍仲，由此福运生衍今吉祥。”

［9］ 卐这一符号在世界上的各个文化中称谓不同，解释更为五花八门。藏族文化中称它为雍仲。王克林先生的《“卐”图像符号源流考》(载《文博》1995 年第 3 期) 一文可

说是有关“雍仲”符号研究的资料较全面的一篇文章。他认为“卐符号在世界上主要分布于亚洲的北半部，北纬40度一线呈东西走向的东亚、中亚狭长广袤的革甸”。时间上，首先发生于公元前5000年纪，在中亚为两河流域萨玛拉文化。在中国为黄河流域仰韶文化所拥有”。且认为，这种符号是原始宗教萨满教“灵魂不灭”或“祖先崇拜”观念的艺术象征。另外，赵国华先生的《生殖崇拜文化论》中国社会科学出版社，1990年)一书与美国学者O·A魏勒的《性崇拜》(历频翻译，中国青年出版社，1988年)一书中认为，这一符号与“生殖”或“性”崇拜相关。

[10] 索南多杰，藏族的灶与灶神[J]. 西藏民俗，1998(2)：1.

[11] 陈履生．西藏民居[M]. 北京：人民出版社，1994：1.

[12] 1999年3月23日至28日，2000年5月中旬与7月中旬，笔者对林芝地区进行古文化调查时得到的资料。

[13] 图齐．西藏宗教之旅[M]. 耿升译，北京：中国藏学出版社，1999. 第281页“人类和房宅的保护”条目中认为，“西藏人的全部宗教生活受一种持久的防御态度的支配，即一种对他们感到害怕的神灵长期实行平息和赎罪的努力”。并且他认为这些神灵无处不在，人的右肩上是战神，左腋窝下是阴神，心脏是尚神。这种古老的习俗依然反映在南木林县加措乡村落民居屋顶建筑附属装饰中，有关这一材料由我契友拉萨师范学校美术教研室边巴口授，且将一幅由他拍摄的有关照片送于笔者。愚以为，这种建筑附属中出现的中间一座，可能表达着“尚神”。

[14] 根敦群培．根敦群培著作[M]. 西藏：西藏藏文古籍出版社，1990：223. 又见于祈求福运升腾的象征物——经幡[J]. 西藏民俗，1997(03).

[15] 木雅·曲吉坚参．藏族传统建筑外墙色调简述[J]. 西藏研究(藏文)，1999(2).

[16] 关于这些术语的资料来源，见于赞拉阿旺措成编著《古藏文辞典》(民族出版社，1997年)“mtshun”条目；另外见于张怡荪主编的《藏汉大辞典》第2197页”“bt-san——khang”条目等。

[17] 原文见于《新唐书》卷一二六上，本文转译于木雅·曲吉坚参先生著文。

[18] 笔者于1999年3月28日到曲松县调查时所得资料。

[19] 庭西·阳光下的春堆[J]. 中国西藏，2000(2). 另外，笔者于2000年8月中旬对林周县进行古文化调查时，在松盘乡(即为林周宗府旧址所在地)看见附近民居的外墙装饰采用暗灰黄颜色。这种涂色装饰，很大程度上可能取决于当地自然资源的限制。

[20] 刘锡诚．中国原始艺术[M]．上海：上海文艺出版社，1998：64.

[21] 才旺多杰．谈藏族杀生祭神的习俗[J]．西藏艺术研究(藏文)，1999(2)：81．该文中田神“仓瓦”的名称转引于《汉藏史集》。

[22] 中国社会科学院考古研究所西藏考古队、西藏文管会．西藏拉萨市曲贡村新石器时代遗址第一次发掘简报[J]．考古，1991(11)．中国社会科学院考古研究所，西藏自治区文物局．拉萨曲贡[M]．北京：中国大百科全书出版社，1999：224。“曲贡居民精神生活的考察”一节的“尚红”条目中认为“在石器上涂红的用意何在，一时尚不能明了”。作为某种初步的推测，认为“可能都是为了赋予死者以灵魂，红色为灵魂的表象，象征鲜血，象征生命”。

[23] 何强．西藏贡嘎县昌国沟新石器时代遗存调查报告[M]//四川大学考古与历史文化研究中心，西藏文物管理委员会．西藏考古(第1辑)．四川：四川大学出版社，1994：25.

[24] 于2000年9月28日至10月20日期间笔者参加该遗址调查及发掘所得资料，参见拙文《山南琼结邦嘎新石器时代遗址的首次科学发掘》[《中国西藏》2001(2)]。另外于2000年9月中旬，笔者参加对山南乃东县结桑村石棺墓群进行调查时，古墓所在地表上采集到了一件涂红磨盘。有关该墓群的详情参见于西藏自治区文物管理委员会编《乃东县文物志》(1986年)“结桑村石棺墓群”条。当时发掘者将这些石棺墓的年代判断为其上限应晚于新石器时代，下限则可能延续到吐蕃末期。这么看来，石器上涂红现象，不仅在空间上主要见于西藏中部的腹心地区，而且在时间上有着较为长期的延续性。

[25] 金泽．宗教禁忌[M]．北京：社会科学文献出版社，1998：56.

[26] 金泽．宗教禁忌[M]．北京：社会科学文献出版社，1998：56.

[27] 见前引根敦群培著书第222页。

[28] 见前引根敦群培著书第222页。

[29] 南卡罗布．西藏远古史(藏文)[M]．甘孜州编译局．四川：四川民族出版社，1990：73-74．勉日·洛宿·丹增郎塔．古代藏族源流史(藏文手抄本)．31-35.

[30] 见前引根敦群培著书第223页。

[31] 卡若资料见于西藏自治区文物管理委员会、四川大学历史系编写，《昌都卡若》报告，文物出版社，1985年，139页；曲贡资料见李文杰著《中国古代制陶工艺研究》第九篇“拉萨市曲贡村新石器时代遗址制陶工艺的实验研究”，科学出版社，

1996 年版。

[32] 刘兰华，张柏．中古古代陶瓷文饰[M]．哈尔滨：哈尔滨出版社，1994：11.

[33] 笔者于 2000 年 5 月 7 日讨教于西藏社会科学院宗教研究所的古格·次仁结布先生时所得资料。

[34] 见文中引用石泰安著书第 240 页。

西藏近代建筑艺术概述

张亚莎[1]

建筑在人类文明发展进程中具有鲜明的象征性和文化上的综合意义，在各民族的文明生活中建筑既是物质文明的发展标识，也是精神文明特别是民族精神、民族传统文化的抽象体现。从艺术的角度考察建筑，抑或说建筑之所以也属于艺术研究的范畴，主要还是因为建筑虽然往往出于非常实用的目的，但作为一种造型艺术的形式，其自身已积淀着某一民族的审美理想及审美情趣；其次即便是考察建筑的实用性，也能让我们窥测到其文化上的特殊需要及特殊的意味。不过我们的考察主要还是着眼于建筑的外部造型及内部装饰，即强调它的外观及内部装饰所造成的视觉及心理效果，以及它们所具备的文化上的意义。

西藏的建筑艺术大抵自远古时期起便已拥有自己古老的传统，西藏建筑的古老传统在它的民居及宫殿建筑中表现得尤其突出，但是早期宗教建筑方面的外来影响却是显而易见的，一个不容忽视的事实是地处南亚、西亚、中亚及东亚诸文明之间的西藏，自远古时期起其文化便具有了很可能是超乎我们想象的文化上的开放性格，无论是苯教文明的渗透还是佛教文明的进入，都为藏区建筑的发展注入了新的活力。尤其是佛教文明的大规模地进入，使相当一段时期内宗教建筑都或多或少地显示出外来文化的影响痕迹。但至迟在 15 世纪以后西藏本土建筑样式在不断充实、完善中也逐渐地完成了宗教建筑民族化的过程，形成了具有浓郁的民族特色的建筑样式，并在近代迎来了其建筑艺术的全面成熟与大规模的发展。藏区建筑艺术与其他艺术门类，诸如绘画、雕塑、工艺美术一起构成了藏民族美术独特的艺术体系，由于藏

1　张亚莎，中央民族大学民族学和社会学学院。论文出处：《 中国藏学》，1996.04，第 124-133 页。

区的建筑艺术凝聚了藏区特殊的宗教文化传统和极为独特的高原地理及人文环境等诸多因素而成为极能体现藏民族精神性格的、比较典型的艺术门类。

1 西藏建筑艺术传统与演变

西藏建筑传统的渊源大致可以追溯到新石器时期的昌都卡若遗址。从卡若文化遗址可以见出西藏远古时期的民居建筑特点，房屋里粗大的柱洞痕迹说明无论是它的半地穴砾石墙建筑，还是地上房屋、柱子都比较普遍地用于支撑房顶以加大承重能力；在其房屋构架上很早便出现了木石泥结合式的建筑特点；另外当时可能已经出现楼式建筑，且多为上层住人、下层饲养牲畜。从卡若遗址的房屋复原示意图看，还可能也已形成了平顶式房屋的样式结构。柱式结构、土木材料、平顶、楼层等藏式建筑的特点显然由来已久。

在藏北的文部穷宗一带曾发现一古代宫殿遗址，据当地群众反映为一古代象雄王国之宫殿遗址[1]；又据汉文史料记载，古代雅鲁藏布江流域的苏毗国，其国多重层而居，王居九层之上，似说明活跃于娘地的苏毗女国的宫堡建筑的发达[2]；一些资料表明，雅隆王朝后来的宫殿建筑在其格式、形制上都有不同程度地受到古代象雄文明和苏毗文明的影响。公元前 3 世纪左右，随着雅隆部落经济、军事、政治上的日渐强盛，聂赤赞普在雅隆河谷兴建了著名的雍布拉康。虽然现在的雍布拉康为后世多次修复的产物，但它仍然能够让我们大致了解到早期宫堡建筑的一些基本特点：一是它的“居高而筑”、“依山而建”的特点，这一特点可以说一直贯穿于西藏建筑的古堡、宫堡以及宫殿建筑之始末。我们知道最早的雍布拉康建在山上，吐蕃时期建造的布达拉宫建在山上，古格王宫遗址建在山上，如今的布达拉宫同样耸立在拉萨的红山之上，从文部发现的那个象雄古代宫殿遗址看很可能这种居山而造的建筑传统早在古代象雄文明时期便已有所体现。其次它也是最早的大型土木石建筑。其建筑造型极有可能就是早期那种碉楼式的建筑样式。这种碉楼式的建筑在西藏建筑中也应该是一种古老的形制。我们不难见出上述的“依山而建”、碉楼式建筑样式所形成的那种巍峨挺拔的气势，以及土木石结构、

柱子的承重作用都对后来的西藏建筑发展有着相当直接的影响。

正如西藏在进入吐蕃王朝时期之后其历史面貌便逐渐清晰起来一样，西藏建筑艺术的发展到了吐蕃时期也出现了新的契机，无论是王室的宫堡建筑，还是新兴的佛教建筑，在这近三百年的历史中都出现了前所未有的发展。虽然此一时期的吐蕃建筑尚属于藏民族早期建筑，其大多数建筑无论是整体构思、整体布局、建筑形制与规模都不能同中世纪尤其是近代的建筑相比（例如公元 7 世纪建于红山之上的古代的布达拉宫，若从保存下来的壁画里窥测其原貌，它与 17 世纪以后建立于红山之上的近代的布达拉宫已有着相当大的差别），但值得注意的是建筑的基本类型、基本样式，以及基本的发展脉络在吐蕃时期都已清晰，并已做出基本的规定。此一时期的吐蕃建筑规定了西藏建筑除民居以外发展的两条线索：世俗的宫堡建筑和佛教的寺庙建筑这两条脉络。这两条线索在后来的西藏建筑的发展中贯穿始终，成为藏区建筑中最具代表性的两种建筑类型，集中地体现了藏区建筑艺术之精华。所不同的是僧俗建筑这两条线索在吐蕃时期基本上是以平行线的形式发展演变的，两者的区别也泾渭分明；但愈向后期发展，随着藏传佛教文化体系的建立，这两条平行发展的线索便愈来愈模糊，出现了你中有我、我中有你的水乳交融的状态，虽然形式上彼此还有区别，但最终已显示出西藏“政教合一”的文化特色。

吐蕃宫殿建筑肯定有过一个大的发展时期，拉萨的布达拉宫、温乡宫殿、山南的扎玛止桑宫殿等据藏史记载都已具有相当的规模。王朝时期的宫殿建筑继承了“居山而造”的古老传统；且建筑样式更倾向直筒式碉堡[3]，从藏族史料对古代布达拉宫的记载和壁画中的表现看这类宫殿建筑还具有某种城堡的性质，有着相当突出的军事防御性质[4]；而且非常明确的是王权统治的象征。吐蕃时期的宗教建筑似以佛教建筑占绝对优势[5]，鉴于佛教为一外来文化，它在传入吐蕃之初便明显地具有外来色彩，且风格已呈现出多样化的趋势。山南的桑耶寺与吉如拉康相距不远却风格殊异，不仅说明佛教文化初入藏地尚未本土化，而且因建筑艺术传承的不同也显示出风格的多样化[6]。一般而言，吐蕃时期的佛教寺庙除桑耶寺外大都古朴简约，因无住僧，又无经堂，寺庙多半只是一种供奉佛像经书的佛堂小殿而已，还不能算是严格意义上的佛教寺院。我们姑且把这一时期的寺庙称之为“拉康建筑时期”（即佛堂或神殿建筑时期）。

中世纪在西藏历史上的重要正在于它既是本土藏传佛教文化的形成期，又是连接古代与近代的承上启下的重要阶段。就中世纪的建筑而言，其发展仍是以僧俗两条线索展开的，但在这几百年间，这两条线索的脉络已不像吐蕃王朝时期那样清晰明确地政教分离，而出现了彼此相互渗透相互融合的趋势，城堡建筑群中宗教殿堂的比例明显增大，而大的寺院，特别是教派的主寺也体现出相应的政权意识，但尚未像近代建筑那样突出地表现出政教合一的建筑构思和格局。宫殿在吐蕃时期曾是王权统治的一种象征，但在公元10 世纪西藏社会进入封建割据时代以后，便只能代表着割据于地方的王朝后裔的某种特权。10—13 世纪西藏出现的古格王宫建筑、贡塘王系之宫殿建筑、曲松拉加里王系宫殿建筑等均属于此类建筑。此时，王宫城堡建筑已不单单是一个政权机构兼府邸，而是集政治、宗教、经济、文化、军事等诸种功能为一体的社会生活社区。当然在这种城堡之中仍以地方王权统治为主，兼有浓郁的宗教文化色彩，而且通常都备有相当完善的军事防御功能。值得注意的是尽管这种王宫城堡建筑中宗教色彩已相当浓厚，却依然不是严格意义上的“政教合一”的体制，国王依然是最高统治者，是世俗领袖而不是宗教领袖，王公基本凌驾于宗教之上。这类建筑中最具典型性的建筑群是偏安西部的古格王宫遗址。14 世纪以后出现的“宗”建筑也许可以算是宫堡建筑的一种变体，它没有早期的那种王族统治的气味，而是地地道道的地方割据的大小酋长们的政权机构。“宗”建筑更是依山而造，且具有相当明确的军事防御性质。整个中世纪中宫堡、城堡，乃至“宗”建筑的相当发达都证实至少是中世纪早期曾经经历过不短的战乱时期。事实上，中世纪已不再是吐蕃王室后裔们的历史，而是诸教派发展及各种政治势力角逐的历史，因此兴起于 14 世纪的“宗”建筑在中世纪的世俗性建筑中可能更具有一定的普遍性。

中世纪藏族社会进入佛教文化的“后弘期”，正处于西藏诸教派形成与发

展的时期，佛教文化深入民间并得到更广泛的传播，因此这一时期其宗教性的建筑不仅在数量上远远超过世俗性的宫堡建筑[7]，而且由于文化传承上的多元化，就更使中世纪的寺庙建筑具有百花齐放、五彩缤纷的特色。从建筑样式的角度看，西部的托林寺，后藏的萨迦寺、夏鲁寺、白居寺，前藏的丹萨堤寺、楚布寺、贡嘎曲德寺，康区的类乌奇寺等都颇有特色，并大致可分为西部类型、东部类型、卫藏类型、汉藏类型、塔寺合一类型等，各种类型的同时并存正是中世纪寺院建筑艺术的特点，它显示出其文化上的开放性格和蓬勃强健的生命力。此一时期各地的寺庙尚无统一的建筑格局，且规模居中，我们称此一时期的寺庙寺院建筑为“寺庙—寺院建筑时期”。吐蕃王朝时期的“拉康建筑”正是通过中世纪的“寺庙—寺院建筑”向近代大规模的经院式建筑群过渡。比较而言，中世纪的“寺庙—寺院”建筑形制比吐蕃时期的“拉康”建筑的规模要大得多，但与近代的经院式大型寺院建筑群相比又显得逊色，它是建筑史进入近代的重要准备阶段；而且其生动活泼、百花齐放的格局，以及开放明朗的性格都是继吐蕃王朝之后的一段引人入胜的历程。

2　西藏近代建筑艺术的发展概貌

在西藏封建社会历史发展中，1642 年是具有重大政治意义的一年。这一年在蒙古和硕特部固始汗的帮助下，格鲁派五世达赖喇嘛阿旺罗桑嘉措统一了西藏，完成了历史的重要转折：一是自 15 世纪末叶至 17 世纪中叶愈演愈烈的教派之间的政治斗争就此大致平息，动荡战乱的西藏社会走向稳定，西藏自无序走向有序，历史自中世纪进入近代社会；二是格鲁派赢得了这场胜利，就此确定了她在西藏宗俗社会中的统治地位，并建立和完善了西藏最大的政教合一集权制，完善了活佛转世制度；三是随着后来清王朝政治军事介入的步步加强，蒙古诸部势力的逐渐退出，清政府中央驻藏大臣制度的建立，西藏在清朝时与中原地区在政治、经济、文化上的联系也得到了进一步的加强。

格鲁派的统一带来了西藏近代稳定、持续的发展，也为藏传佛教美术的繁荣发展创造了条件。17 世纪以后，西藏迎来了其美术发展的黄金时期，其建筑艺术的发展也达到了前所未有的高潮阶段。

尽管西藏近代建筑已形成“政教合一”的基本格局，但在建筑上仍有侧重的不同。吐蕃时期和中世纪贯穿下来的两条线索在近代西藏建筑中依然存在，王宫城堡及宫殿建筑这条脉络在布达拉宫建筑中大放异彩；而寺庙建筑则在以格鲁派为首的拉萨三大寺及日喀则的扎什伦布寺中得到了充分的发展。我们在叙述近代西藏建筑时仍以这两条线索为主脉。

2.1 宫殿建筑及园林艺术

宫堡建筑的传统一般认为可追溯到公元前 2 世纪左右的“雍布拉康”，并为吐蕃王朝时期红山上的布达拉宫所继承。中世纪吐蕃王室后裔们在一些地区建立的小王系城堡宫殿又使这一传统得以发展演变。17 世纪中叶西藏步入近代以后，在这些宫殿、城堡、“宗”建筑的基础上便出现了以布达拉宫为代表的西藏宫殿建筑的杰出典范（图 1）。

图 1　位于泽当西次日山上的雍布拉康

近代布达拉宫的出现是需要条件的，它的出现首先意味着西藏中世纪各教派地方割据的结束，不是宗教界出现了能够统一西藏的教派抑或是统领全区的宗教领袖；便是世俗界出现统一的西藏地方政府；也就是说它意味着西藏的统一和有能力统一的势力的出现。而达赖集团的出现正是西藏近代政教合一政治体制走向成熟的标志。其次从建筑样式上看它也意味着西藏宫堡在建筑样式上、在建筑技巧上的完善。不言而喻，座落在拉萨红山之上的布达拉宫即是近代西藏建筑的代表作，也是最具民族特色的伟大杰作。其中凝聚着藏民族非凡的智慧及无穷的创造力。巍峨雄伟，博大精深。在世界建筑史中也占据着重要的地位。

布达拉宫高 117 米，东西南北的长度均为 370 米，共计 13 层，房屋千

间，是西藏目前保存现状最好、规模最大的宫殿城堡式建筑群。布达拉宫的主体建筑是红、白二宫，白宫主要为历代达赖喇嘛的寝宫和总堪布及原西藏地方政府噶厦政府的政务活动场所；红宫则由历代达赖的灵塔殿、佛殿及经堂等构成。布达拉宫的群体建筑还包括朗杰扎仓、僧官学校、藏军司令部、监狱、仓库作坊、马厩等，宫前有坚固厚实的城墙宫门，并配有碉堡角楼，再加上宫内纵横交错的暗道机关，具有森严壁垒的军事防御性能。后山又有七世达赖开辟的御花园龙王潭和大象房等。

布达拉宫（图 2）是西藏建筑史上最大的宫殿城堡建筑，它在建筑思想、建筑形制上都是对西藏古代、中世纪城堡建筑样式的沿袭，并有更进一步的发展。其发展主要体现在两个方面：一是建筑构思更加完善，规模更加巨大，装饰更加精致华美，造型也更加富于变化。二是更加明确地体现出藏传佛教文化的精神，宗教与政治更为有机地融为一体，宗教不仅仅是一种信仰体系，而是控制着整个民族精神的社会意识形态的力量。而最能体现出这点的就是布达拉宫的红宫建筑群。

图 2　位于西藏的布达拉宫

从外观看红宫，它位于布达拉宫的中央制高点，巍峨庄严，被白宫及其他白色建筑群众星捧月般地围绕着；从内部看红宫，其装饰极为华丽繁缛，精美超群。这都说明了红宫正是布达拉宫的核心工程。与白宫部分的实用性相比，红宫属于纯粹的宗教性的和纪念碑式的建筑。内部主要用来供奉格鲁派所信奉的神祇，格鲁派乃至藏传佛教中重要的高僧大德和宗教领袖人物，尤其是格鲁派的创始人宗喀巴及历代达赖喇嘛的造像，其中一项重要的内容是供奉历代达赖喇嘛的灵塔。从红宫所供奉的内容看，红宫的作用更类似博物馆、纪念堂这样的建筑。在一座大型宫殿中有这种至少与御用行宫平行（甚至高于它的），纯粹出于纪念碑性质的建筑，在世界范围内大抵也只有西藏如此，它显然属于相当独特的宗教文化现象。红宫建筑中供奉着藏传佛教历代高僧大德、历代达赖喇嘛的造像，这种历史的性格使红宫具有了博物馆的性质，但最引人注目的还是格鲁派历代达赖喇嘛的灵塔，它赋于红宫以纪念堂的特色。

说到红宫中历代达赖喇嘛的灵塔，尤其以五世和十三世达赖喇嘛的灵塔最为壮观。巨大的塔身全部用金皮包裹，上面镶嵌着无数的珠宝，辉煌而炫目。灵塔设在宫殿中据说最早见于 1642 年四世班禅的灵塔，它被设置在扎什伦布寺中，灵塔的设置所反映的是藏传佛教中颇具神秘色彩的活佛转世的思想。一般王室的建筑中宫殿与陵墓总是分开的，生与死毕竟属于两个世界，世界上绝大多数的文化亦莫不如此。在藏族文明的早期——吐蕃王朝时期，宫殿建筑与陵墓建筑也是分开而建的，中世纪早期佛教转世思想开始渗透到教派领袖的传宗接代的观念之中，进而影响到藏族的丧葬制度的改变，到了近代这种佛教转世观念便为建筑的观念乃至藏族文明带来了质的改观：宫殿建筑与陵墓建筑合二为一了。

无论是博物馆还是纪念堂，它都使红宫具有更突出的精神方面的作用，它所显示的正是一种宗教文化的性格，既是藏传佛教文化转世观念的体现，同时也是“政教合一”这一政治体制的集中显现。红宫灵魂工程的作用也就在于此。布达拉宫作为达赖喇嘛的寝宫和西藏政府的官邸，应当说具有明确的政治色彩，甚至于具有明确的世俗色彩，但红宫的存在却极有力地强调了西藏社会的文化性质和精神特征。历史与现实，宗教与政治，神格与人格，彼岸与此岸就这样水乳相融为一体，构成一个奇特而又包容一切的世界。因而布达拉宫也就更具有了象征的意义。在这一点上布达拉宫建筑的文化性质可以说是十分彻底与饱满的。

园林建筑最著名者为西郊的罗布林卡。罗布林卡总面积达 36 万平方米，始建于 18 世纪七世达赖喇嘛时期，以后历代达赖喇嘛都有相应的扩建，其中以八世和十三世达赖喇嘛的扩建为主。在园中建造了宫殿、楼台、亭阁。尤其是 1954 年十四世达赖喇嘛时期的扩建，主建的新宫为一杰出艺术行宫，与传统的建筑相比更富于现代气息，显得精致舒适，与园林中的参天林木、黄墙碧瓦相呼应，幽雅别致。

2.2 宗教寺院建筑

西藏社会最重要的文明特征便是它极为浓郁的宗教性格，这种性格愈到近代愈加明确，藏传佛教文化已经渗透到西藏世俗社会生活的所有层面。唯此，藏区最重要、最富于特色的建筑自然是它的宗教建筑——寺院。

步入近代以后，西藏佛教寺院的最大变化便是格鲁派那些规模宏大的寺院建筑群的涌现，我们称此一时期为“大型经院式寺院建筑群时期”。大型经院式寺院建筑群的出现意味着寺院文化独占、统领藏族社会的上层建筑领域的文化特点的形成。经院式寺院格局的出现是近代西藏文明中的一个特别值得重视的文化现象，它说明寺院建筑在形式、格局上已经发展成为庞大复杂的经院式建筑群，寺院不仅行使着宗教上的职能，还极深入地渗透到西藏的政治和文化生活的各个层面。尤其是它在发挥其宗教职能的同时更承担着西藏的文化教育、学术研究、医疗卫生、文学艺术等各方面的职能，它实际上已经成为融文化、教育、研究（包括医学、历算）艺术诸功能为一体的学府兼宗教职能的文化机构。拉萨地区的格鲁派大寺院不仅承担着基础教育、高等教育的职能，还深深地介入到政治生活当中，拉萨三大寺的高僧往往直接参与西藏地方政府的决策。格鲁派寺院的综合性功能，尤其是统领上层建筑社会意识形态的功能已赋予寺院以更大的权利范围，也使其自单纯的寺院向综合性的经院式文化社区的方向发展。来到拉萨的异乡人看到哲蚌寺、色拉寺的巨大规模时都会非常的吃惊，因为仅仅一座寺院也的确要不了如此城镇般的规模，显然哲蚌寺、色拉寺也早已不是单纯的寺院。当我们了解到西藏的文化精英绝大多数都集中在这里时便不难理解藏区宗教色彩如此浓厚的原因所在。这种将文化教育整个地融入宗教之中的文化教育体制显然非常有利于保证藏传佛教文化的发展与延续，并将藏族文化的性质相当有效地、相当深刻地限制在宗教范围之内。这也是为什么藏传佛教文化纯度如此之高的原因所在。

西藏近代寺院建筑当以格鲁派的六大寺院为其代表，它们充分地体现出经院式建筑群的规模和气派，这里仅以哲蚌寺为例。

哲蚌寺是西藏地区最大的格鲁派寺院，位于拉萨西郊，依山而建，远观垒层密布，其规模犹如一座城镇。哲蚌寺初建于1416年，由宗喀巴的弟子之一嘉央曲杰所建。初建时规模甚小，据说只有一间10余平方米的佛堂和七名住僧[8]。后随着格鲁派迅速地扩张而不断地加以扩建，至迟在17世纪中叶以前已具有相当的规模。在布达拉宫未修复之前，哲蚌寺曾是历代达赖喇嘛的居所和办公之地，名曰“甘丹颇章”。这也说明了哲蚌寺在格鲁派诸寺中地位的重要与独特。哲蚌寺由措钦大殿（全寺的集会大厅）、四个扎仓、五十多个康村僧舍以及甘丹颇章构成一个规模庞大的建筑群。

措钦大殿是寺内最大的经堂建筑，大厅内有一百九十多根柱子（藏区寺院经堂的大小可用柱子多少来加以计算），可容纳七千到一万名僧人。其巨大规模的本身便意味着宗教文化的兴盛。四个扎仓（扎仓为寺院中习经、修行的中级单位）分别是洛色林、果芒、德阳、阿巴扎仓，其中以洛色林扎仓的规模为最，可容纳四五千名僧人在其中学习和修行。四个扎仓中唯有阿巴扎仓是密宗扎仓，其余三者均为显宗扎仓，说明格鲁派习经、修行的传统特征。每一扎仓又分别有自己的措钦大殿，多是用来做集体咏经的场所，显宗还设有辩经场。哲蚌寺为西藏佛教培养出大批佛学人才，在国内外都享有很高的声誉。

3 近代西藏建筑艺术的总体特征

西藏建筑在近代迎来了其建筑史上最辉煌的时代，集中地涌现出西藏最具民族特色、最雄伟博大的建筑群，诸如布达拉宫、集中在卫藏的格鲁派的大型寺院以及达赖喇嘛的御用林园等，一些历史悠久的老寺院，如大昭寺、昌珠寺也在清初五世达赖喇嘛时期得到大规模的修缮。近代的西藏建筑艺术显示出如下一些特征。

3.1 藏传佛教美术体系的成熟

艺术的成熟表现在两个方面：一是样式的形成；二是经典作品的出现。

与西藏中世纪美术发展概貌不同的是西藏近代美术（1640—1950 年）出现了全藏区相对统一的格局，中世纪那种各教派百花齐放、百家争鸣的艺术发展格局业已结束，而形成基本上以格鲁派艺术为主的局面。正因为如此，统一的样式才可能得到全面的、繁荣的发展，尤其是在 18 世纪以后，西藏的建筑、雕塑、绘画便形成了相当统一的风格，并以放射状形式渐次辐射全藏，至此地域性特色也就不那么明显了。统一样式的出现意味着一种艺术体系的全面成熟。艺术的成熟的另一个重要标志是具有典范性的代表作的出现，即经典作品的出现。很显然此一时期宫殿建筑的代表作是布达拉宫；园林的经典作品是罗布林卡；而寺院则涌现出一批格鲁派大寺院。

3.2 藏传佛教美术迎来鼎盛期

近代美术的繁荣期开始于五世达赖时期，在七世达赖时期走向鼎盛。此一时期，各种美术门类其样式都已成熟：建筑出现了布达拉宫、三大寺等；绘画以勉塘画派的成熟普及为其标志；雕塑更是名声大振，外传满蒙[9]。此时不仅手法圆熟洗练，而且规模巨大宏伟，风格华丽精美，反映出此一时期社会整体文化欣欣向荣、蒸蒸日上的精神面貌。

建筑的繁荣首先反映在其规模的巨大上。近代的西藏建筑无论是宫殿建筑还是寺院建筑，其规模的巨大乃是西藏建筑史上空前的。这种巨大性格的本身体现了统一后的西藏文化的繁荣。布达拉宫是西藏宫殿建筑之最；哲蚌寺、色拉寺、甘丹寺也是漫山遍野般的规模；罗布林卡是西藏最大的园林；巨大与华美的结合构成西藏近代建筑的性格。

其次这种繁荣更反映在装饰风格的繁缛华丽上。从西藏美术的发展看很早便显示出对装饰艺术的偏爱，到了近代更形成了具有浓郁藏味的装饰风格。从建筑外观看，镏金铜瓦顶及屋顶上饰有法轮、宝幢、八宝等镏金饰物带来了外观上金碧辉煌的效果[10]；从内部看，雕梁画栋、满壁彩绘，以及大量雕像的相互辉映，也集体地构成一个富丽堂皇的世界。如果从现代艺术的角度看，其内部装饰颇具环境艺术的职能。总之西藏无论是宫殿建筑还是寺院建筑，都以规模的巨大、装饰的华美豪富而令人瞩目。

3.3 民族艺术风格的鲜明性

西藏美术是在这个时期内才真正形成了成熟、完整的民族美术的风格样式，无论是整体的建筑风格，还是具体的建筑材料、建筑结构、建筑技巧都已走向纯粹的民族化、本土化。即便再有外来文化因素的影响，也都只能被融入其庞大的体系之中。中世纪美术中那些明显的外来美术因素的痕迹已经不见了，民族审美特色已完全包容了一切。这一时期涌现出来的大量的艺术品都以纯粹的本土特色向我们证实了这一点。

具体而言，民族建筑样式已形成如下一些特征：

（1）整体上看，西藏建筑的基本结构是石、土、木的混合结构，是以石土墙体与支撑房屋的木结构相结合的基本构成。其中木结构又以柱、梁、椽结构为主，在建筑上形成了墙塌房不塌的结构特点；木结构自身又成为藏式建筑中装饰美术的重要载体，柱、梁、椽的装饰已构成藏式建筑中最具特色的装饰部分[11]。

（2）基本的建筑结构与材料的定型，如“楼角屋”、“白玛墙”、“阿嘎土”等。由于西藏大型建筑往往依山而建，因此楼角屋（亦称“地垄”）的运用极为实用。楼角屋是指先在地上纵横起墙，上架梁木以构成下层。它在建筑上的作用有二：一是使房屋基础结实坚固；二是能有效地增加底盘的面积。据统计仅布达拉宫的红、白二宫中楼角屋的面积就达 1483 平方米[12]。楼角屋在中世纪时似已出现，不过在 17 世纪以后的大型建筑中运用得更为普遍。白玛草用于屋檐和女儿墙的做法似出现在明代以后，而流行于清代藏式宫殿、大经堂建筑之中。阿嘎土的运用似在吐蕃时期便已出现。

（3）独特的采光方式。规模较大的经堂，殿堂的平面一般作“回”字形结构，即外围为一圈楼房四面均朝向内部而建，而中部是一天井式的庭院或纵横排列的柱网，中部凸起一长方形或方形天窗阁，既解决了大型殿堂天窗采光，又极富一种宗教设施的戏剧效果，特别有种宗教建筑的神秘气氛。

（4）形成了藏式建筑平顶、高层、厚墙、墙体向上逐渐收分的特征，无论是寺院还是宫殿建筑均体现出此种风格。而这种样式实际上承袭的是藏式建筑的古老传统。高层建筑是对西藏古代碉楼建筑的沿袭；厚墙本身具有明确的军事防御性质；平顶是自古代以来藏式民居建筑的特点；而墙体向上逐渐收分既在实际功能上有稳固坚实的作用，在视觉心理效应上更有种耸立向上而又稳定的作用。平顶、高层、厚墙、墙体收分在外观上也就形成了藏式建筑特有的凝重沉着、厚实坚固的风格特征。最后一点也是最重要的一点就是藏式建筑的构思问题。关于这个问题目前研究的尚不够。西藏大型建筑似乎不是事先整体规划好并一次性施工完毕的建筑群。以布达拉宫为例，五世达赖时期建白宫部分（1646—1653 年），五世达赖圆寂后第巴·桑结嘉措修建红宫部分（1682—1693 年），即在白宫部分上的扩建。也就是说，布达拉宫的主体工程是在 17 世纪后半叶陆续完成的。而自 18 世纪中叶以后，历代达赖喇嘛的圆寂又都要在红宫部分推平个别宫室扩建新的殿堂，这种扩建增设自 18 世纪中叶一直持续到本世纪的上半叶，至此才形成今日我们所见到的布达拉宫整体而庞大的规模。这里就有两个问题值得注意：一是其建筑群在总体布局上一般不围绕着某一主题，也不采用中轴的平面布局，而是采用比较自由的布局，注重实用性。但在整体布局上以制高点为其主体建筑之所在地。以一种叠层铺设而达至高潮的旋律式的建筑构思，强调出其主次分明、等级森严的特征，同时体现出藏式建筑特有的象征性和神秘性格。二是大型建筑群往往属于历代增设扩建的产物，其时期拉得较长，不太可能围绕着一个事先规划好的计划目标，从某种意义上说具有一定的随意性。然而问题在于当建筑群形成后这种带有随意性的建筑格局却显示出一个如此完美、天衣无缝的建筑思想和风格，这恐怕才是中外建筑史上真正的奇迹。也正因为如此，西藏建筑在整体上宏伟壮丽的同时又特别富于一种天然的情趣，有一种流动的、有机的、富于变化的天趣。

参考文献

［1］ 侯石柱．西藏考古大纲［M］．西藏：西藏人民出版社，1991：156.

［2］ 杨正纲．苏毗初探［J］．中国藏学，1989（3-4）.

［3］ “布达拉宫内的壁画中有对吐蕃王朝时期布达拉宫建筑的描述。从壁画所画的建

筑看，当时的布达拉宫是由三座直筒式碉堡构成的”参照安旭的《藏族美术史研究》，上海人民出版社 1988 年版。

[4] “红山以三道城墙围绕”，“且论其坚固，设有强邻寇境，仅以五人则可守护。”见达仓宗巴班觉桑布著，陈庆英译，汉藏史集，西藏人民出版社，1986 年版。

[5] “在吐蕃的前佛教文化时期应该是存在过苯教寺庙的。据苯教史典记载早在聂赤赞普建造西藏最早的宫殿雍布拉康的同时也建造了西藏第一座苯教的寺院”参照才让太《七赤天王时期的吐蕃本教》，《中国藏学》1995 年第 1 期；另据近年来考古工作者文物普查的发现，一些古老的寺院原是苯教寺院的改造，这似也说明在西藏的前佛教文化时期的确可能有过苯教的寺院”参照西藏文管会编《错那、隆子、加查、曲松县文物志》，西藏人民出版社 1993 年版。

[6] “桑耶寺为典型的北印度建筑艺术的体现，规模宏大，样式华丽，为吐蕃王朝时期寺院建筑之精品；而吉如拉康（“拉康”在藏语中为神殿或佛堂之意）古朴简约，从其当初建造它的原因和寺庙内保存的佛教雕塑的风格看，吉如拉康的建筑样式既有可能曾受到过李域于阗佛教寺庙的影响，也不能排除它很可能正本土建筑的一种形式。另外后藏的一些寺庙，例如吉隆的强准祖布拉康、帕巴寺等又显示出中原和尼泊尔建筑风格的影响，体现着“中原——尼婆罗”这条古代国际通道上独特的文化风韵”见西藏文管会编《吉隆县文物志》，西藏人民出版社 1993 年版。“除此之外吐蕃王朝有石窟寺似乎也是一种寺庙建筑的形式，资料显示并非只有拉萨查拉鲁埔石窟这一孤证”见何强《西藏岗巴县乃甲切木石窟》，《南方民族考古》第 4 辑 1991 年，西藏文管会与四川大学博物馆合编。

[7] 中世纪的几百年间至少出现过两次大的建寺热潮。10—13 世纪初各地曾出现第一次建寺热潮，各教派的势力范围基本划定，形成分而治之、各自为政、各自发展的新格局，各教派的主寺大都建于此时；14 世纪初叶至 16 世纪初是中世纪的第二次建寺浪潮，一是宁玛、萨迦、噶举这样的老教派的子系统的建寺活动；例如萨迦派的一些重要支派主寺的建立——俄尔寺和多吉丹寺都是在 15 世纪上半叶建立的，而一些与萨迦派有联系的寺院，如江孜的白居寺、昂仁的日吾其寺等也主要建于此一时期。二是新兴的格鲁派大量的建寺活动；格鲁派除了把主要据点放在拉萨地区，在其他地区甚至包括边远地区也都很注意建立自己的寺院，以扩大本教派的影响。

[8] 西藏风物志编委会．西藏风物志（中国风物志丛书）[M]．西藏：西藏人民出版

社，1985.

[9] （日）逸见梅芝．新装中国喇嘛教美术大观［M］．东京：东京刊行出版社，1991. 比较而言，藏传佛教的雕塑对满蒙地区的喇嘛教寺院影响较大，但建筑风格的影响相对较弱。

[10] 姜怀英，等．西藏布达拉宫修缮工程报告［M］．北京：文物出版社，1994. 关于西藏寺院建筑的金瓦屋顶，姜怀英在《西藏布达拉宫修缮工程报告》中指出明代以前西藏的寺庙大多为瓦屋顶，明初兴建的拉萨三大寺开始用鎏金铜瓦代替琉璃瓦，五世达赖以后金顶逐渐成为格鲁派寺院乃至西藏重要建筑的标志。见姜怀英等著《西藏布达拉宫修缮工程报告》，文物出版社 1994 年版。

[11] 同上。

[12] 同上。

培育新技术 再创新辉煌

江阴市建筑新技术工程有限公司

联系地址：江苏省江阴市暨阳路15号

联系电话：0510-86833917

网　　址：www.jyxjs.net

一个活着的博物馆——藏娘八寨的传统村落

昂　青[1]　杨启恩[2]　李文珠[3]

1　藏娘八寨传统村落保护发展概念

传统村落既要保护也要发展，但必须是“活”着的博物馆，在保护和发展的过程中，一定要讲究经济、社会、文化的真实性和延续性。

——同济大学建筑城规学院教授　阮仪三

图1　阮仪三教授

1　昂青，中国民族建筑研究会藏式建筑专业委员会副秘书长，明轮藏建建筑设计室结构工程师。

2　杨启恩，中国民族建筑研究会藏式建筑专业委员会会员，明轮藏建室内设计室主任。

3　李文珠，中国民族建筑研究会藏式建筑专业委员会会员，明轮藏建建筑设计室主任，主要参与河湟地区民居研究和考察工作。

在历史的长河中，今天也许只是汪洋大海中的一叶扁舟，在很多年后，我们将成为没有印证的过去。在经济飞速发展的当今社会，发展是必然的，然而在发展的过程中，我们将有印记的过去给抹灭了，抹灭了过去，“生搬硬套”成了我们现代化进程当中的有力武器，一个没有生机和文化底蕴的城市和乡村有什么值得我们留恋，让后人追溯呢？乡村发展也在逐步效仿城市发展模式，在效仿过程中，我们丢掉了传统的文化、建筑、技艺，从而丢掉了我们对传统的记忆。

“活态”的保护传统村落，能够让我们更有效地完成传统村落保护使命，并使之得到更好的延续与发展（图 2）。

图 2　牧民生活场景

2　传统村落与地域文化之间的关系

最早藏区的村落在山上或者半山腰上，一方面主要为放牧方便而生活在山上，另一方面是防止敌人不易进攻，所以藏娘八寨村落的旧遗址都在附近的山上。随着农田和交通的变化，约公元十世纪前藏娘村落也逐步迁移到比较平坦处，公元十一世纪初藏娘村落也形成了一定的规模。

桑周寺及藏娘佛塔是村落和结合聚落构成中重要的核心建筑，整体构成一个完整的建筑历史文化遗址，其年代次序为村落在前、其后是藏娘佛塔(北宋天圣七年，1030 年)、最后是桑周寺(明宣宗宣德四年，1430 年)。再考村落在建佛塔之前的制陶及营石传统，其脉承可从金沙江上游的通天河流域顺流而下一直到三江并流区域。沿大小金沙江流域都有类似聚落传统和制陶传统。藏娘八寨传统村落接近这个系统的最上端，保持较完整。弥底尊者在村落氏族的支持下，以佛教工巧明为契机留下初传佛法于此地，这也是藏传佛教后弘期的一处生发要地。最终在佛塔、寺院及村落的物态内孕养和发展了藏娘唐卡画派、藏娘泥塑、藏娘木作营石等活态非物质文化遗产(图 3)。

图 3　通天河畔的藏娘村、桑周寺、藏娘佛塔

村落的形成始于沿金沙江流域原始宗族的迁徙安定，他们世代信奉苯教，桑周寺就是在原有三座苯教寺庙基础上整合修造，在藏传佛教前弘期，此地苯教逐步势微，但佛教并未形成影响。印度弥底尊者以工巧机缘，方便本地百姓，后随藏传佛教后弘的趋势。藏娘地区聚落才逐步成为藏传佛教后弘期的要地，尤以涵养在民间的工巧见长。

3　藏族传统村落与江河流域之间的关系

水源是生活和生产不可缺少的基本保障之一，能够便捷地取得水是藏族村寨选址的必要条件，确保旱季和雨季都能获取充足的水源，因此水源是藏寨选址的重要因素之一（图 4）。

图 4　青海藏区部分主要山、水系图

藏族建筑文化体系是以气候、地理条件为背景，以河谷为通道，体现出从牧到农、从北到南交融发展的特点，可以分为“金沙流域，黄河流域，澜沧江流域、怒江河流域”四大板块。其中，大小金沙江系统处于源头位置，这里既是从北往南迁徙的起点，也是从南往北渗透的最远端。通天河是金沙江之源。通天河流域藏族传统村落一共有 105 个，主要分布在玉树市仲达乡、安冲乡、巴塘乡以及称多县拉布乡。这些村落连缀成片，形成了藏族传统村落具有标志性意义的独特景观。

4　藏娘八寨传统村落物质与非物质文化价值

4.1　传统村落物质文化

1. 藏式建筑介绍

（1）地势和建筑特点：得天独厚的自然资源和人文环境，孕育出了雄壮的藏族文化风格。这里密布着高山峡谷、大小河流，海拔落差大、地理位置险峻雄奇，因此造就了这一区域奇特的建筑——“藏族建筑”。这里的藏人因地制宜的选用本地的片石作为建筑材料，使得建造出来的建筑与本地的环境一样，具有粗犷与大气之美。他们在建筑空间上的处理与布局独树一帜，外部室内装饰美轮美奂，在粗狂之中把极高的审美意识表现得淋漓尽致。

（2）建房习惯和一般步骤：修建房屋对于任何藏族家庭都是重大的事，从选址到建成的“六项仪式”都极其重要。其方位和开工日期，必须由活佛占卜，以确定最佳方位和开工时间，房屋的朝向甚为讲究，大门要对林木茂盛的高山，不能对箐沟和庙宇。房屋一般高三层，通常都贴高坎，错一层布置。平面形式为角尺形、“凹”字形或“回”字形；“奠基仪式”由吉祥的人挖起第一铲土；接着举行“开工仪式”，主人向参加建房的人献哈达，并款待他们；还有“立柱仪式”、“封顶仪式”、“竣工仪式”。

（3）石砌建筑（图5、图6）的取材和主要建筑施工工艺：该地区为当地人民提供了丰富的人文资源和建筑材料，在这里每个村寨中都有砌片石墙的能工巧匠，我们称他们为“石匠”。他们砌筑的主要建材为石料、黏土、木材三大类，在备好材料后就进入石砌施工阶段。石砌施工一般分为三类：第一类，干砌片石。第二类，泥浆浆砌石。第三类，水泥砂浆浆砌石。运用最多的是第二类，就地取材，不仅节约钱财，而且所建造的建筑物强度很高，因此被藏区人民所接受。其中与藏区人民生活息息相关的，也最具代表性的建筑有寺庙、碉楼、民房。

图5　藏娘村石砌建筑

图 6　藏娘村石砌建筑

（4）民居的空间布局和构造功能：在自然环境的制约下，为了满足人们各项生活需求，以及藏族人民豪迈的品格与质朴的生态观念，形成了藏族建筑形态与自然生态和谐统一的布局。民居的一楼为牲畜圈及堆放农具杂物的地方；二层是主要居住空间、厨房与储藏室以及卧室；三层大多是顶层，顶层分为两部分：前为晒台，后为平顶屋。院外多竖较高的旗竿，悬挂印满经文的嘛哩旗幡，房顶四周也遍挂经幡。民居对砌筑用石的要求颇高，石料质地坚硬，不易风化、无裂纹，表面无破坏迹象，污垢要清除。砌筑前要将地基基础夯实，然后将大块条石置于基底，填砌石块间要交错搭接密实，空隙用碎石填充，基础的表面要找平。在砌筑墙体时先放线、盘角，然后进行挂线、砌筑。砌筑时要求错落叠压，石块与石块之间形成“品”字形，绝无二石重叠。采用挤浆法分段砌筑，首先砌筑角石（定位石），再砌填腹石。并采用“三皮一钓、五皮一靠”的砌筑方法，即砌完一层后不必找平，继续座灰砌上一层石块。每砌三层，用线碰找平一次，每砌五层，用靠尺找平一次。藏族人民的外墙都不做装饰抹灰。砌筑方法就保证了外墙面的平整修长。由于藏族地处高寒山区，气候寒冷恶劣，夏季短暂，在人们的劳作与生息之中保暖的任务是首当其冲的。石砌结构的保温性能是远超于一般的砖混结构的，这也满足了藏族人民的生活习惯，石砌房屋内主要活动的主室，要求宽大、有藏式火炉，并且居中布置（有利于保持与之相连的卧室、厨房的温度平衡），特别是在冬季，主室内的火炉里日夜都有火，不但能取暖，而且还能烹煮食物，人们围坐在火炉旁取暖闲谈，再喝上一杯热乎乎的青稞酒，尽显其乐融融。“藏民崇拜白石，他们认为白石是神。藏民认为白石上有龙女鲁莫杰姆附身，保庄稼水源充足，抗病虫、雹灾。藏民往往把白石放在片石的窗檐屋顶上，配合下面层层变化椽枋交错色彩丰富的雨搭，有非常丰富的装饰效果。

石砌建筑（图 7）之所以被藏族人民所接受且不断传承发展，这些都与他们的生活习惯、文化特点、宗教信仰息息相关。他们在长期的建筑实践中，不断地积累和借鉴建筑经验，经过漫长的历史文化演变，创造了适应高原独特的地理环境、气候条件、人文景观、宗教信仰、民俗习惯的建筑方法和绚丽的建筑文化，体现了藏族建筑高超的建筑技艺，卓绝的建筑水平和显著的风格特点，并在特有的色彩审美观念的影响下形成了独具特色的建筑色彩与文化色彩，是藏族人民的卓越成就，也是中华民族建筑艺术上的一朵高原奇葩，彰显着藏建筑文化的传奇魅力！

图 7　藏娘村石砌建筑

2. 藏娘佛塔及桑周寺

藏娘佛塔及桑周寺位于青海南部玉树县仲达乡，通天河南岸。前身是一

座苯教古刹，名为“仁真敖赛寺”。现存最早的古建筑为“藏娘佛塔·盛德山”，于北宋天圣七年（1030 年）建成，藏传佛教界公认藏娘佛塔是藏传佛教佛塔的精华，它与尼泊尔的巴耶塔、西藏的白居塔为世界著名的三座藏传佛教佛塔。

藏娘佛塔（图 8）及桑周寺（图 9）有很高的古建筑文物价值，而且保存和收藏有一批非常珍贵的宗教、历史文物。有从苯教寺院传下来的宋代以前的铜铃、银碗、鼓号等；有元朝皇帝封为国师的巴思八亲临寺院赠送的

图 8　藏娘佛塔

图 9　桑周寺

“吉祥天母”泥塑造像及部分法器；有历代僧人和信徒供放的数以千万计的泥制小佛像；有藏娘佛塔及桑周寺创建人孟德嘉纳大师的僧衣、靴子、经文及经卷、唐卡等；有宋至清代的寺志，高僧大师的颂文，官府文件等文献资料；有数千件历代宗教法器、供器、佛像，还有为数极多的历代石刻佛、护法、人物像及嘛呢石等；佛塔回廊墙面上有宋代壁画五十多平方米，至今仍鲜艳夺目。文物中还有一种微型小塔，其做工精细、模样逼真，仔细看小塔上还刻有八个小塔，里面装有药物可食用、可护身。听说泥塑小塔能在一根小草上站立而不倒。经许多专家考证，这样小而如此精致的小塔模型在世界上是稀少的。

4.2 传统村落非物质文化

村落为当初收留弥底尊者的主要姓氏氏族古聚落。由于弥底尊者擅长工巧明，而本地聚落早有营石建造和烧制陶器的传统，故使得弥底尊者以此为契机，进一步让村落先民逐步形成唐卡、泥塑、木作、营造、制陶的工巧传承流派。

1. 藏娘唐卡的艺术源流及特色

公元10世纪中叶，印度佛学大师班钦・弥底嘉纳到藏娘地区弘法，同时向当地群众传授唐卡绘制技艺，藏娘唐卡（图10）艺术经历了它的形成与发展的历史阶段。班钦・弥底嘉纳是精通因明的大学者，特别是对工巧明的掌握达到了炉火纯青的地步。他向弟子传授佛教、泥塑、陶器、建筑、语法等佛家庙塔的结构形式，传授唐卡、壁画、雕刻、泥塑、石刻和造纸工艺的同时，亲手制作了许多传世之作。

图10　藏娘唐卡

如：他在一块豌豆大小的黑石上镶嵌白石雕成的立体佛

像一事，写入史册，成为佛教界的传世佳话。藏娘佛画艺术因此颇具魅力，声名远扬。据有关史料记载：藏娘佛画继承了班钦·弥底嘉纳的画风，而热贡艺术继承了班智达达拉仁哇的画风，两地佛画的构图形式、表现手法、上料着色等非常相似，不是行内人士，很难分辨两地作品。

据有关专家鉴定，藏娘佛画艺术的风格特点表现为造像度量严格，色彩明快，底色厚重，粗壮饱满的四肢和脸形；渲染技法中层次丰富细腻、善用灰色表现皮肤；人物和毛发有虚实变化，形象边线的节奏十分丰富，象征作为艺术表现手法之一被广泛应用。

2. 藏娘黑陶艺术

藏娘黑陶（图 11）至今仍保持着原始的手工制作工艺，过程非常复杂。原材料选用当地纯净细腻的红黏土和黏土石，经手工捣碎成末，然后经过筛选、拉坯、晾晒、修整、压光、绘纹等环节，再采用独特的“封罐熏烟渗碳”方法，经十余天烧制才能完成，成品具有“黑如碳、硬如瓷”的特点。每一件陶器器型差异与变化的掌控，全凭制陶艺人的感觉与经验。

相传唐代文成公主进藏远嫁松赞干布时途经玉树，将独特的制陶技艺传授给当地的藏族群众，使当地原始的制陶工艺更加完善，成为藏汉文化融合

图 11　藏娘黑陶

的结晶。在历史长河中，囊谦黑陶渗透在藏族的文化和宗教生活中，并在明清时演化出了康区藏式黑陶———藏黑陶。

黑陶是中国古老的文化艺术结晶，兴起于公元前2500年新石器时代晚期的龙山文化。这种纯手工制作黑陶制品的特点是黑、薄、光，在不同光线下能呈现紫、靛、银等色泽，有“黑如漆、光如玉”的美誉。

3. 藏娘泥塑艺术

藏娘的泥塑艺术（图12）历史久远，早在公元前二百多年以就产生了泥塑工艺。但因其不易保存，早期的作品所存较少。按类别，通常藏传佛教的泥塑作品可以划分为泥塑和塑像两种类型。泥塑为大型雕塑，通常有素面和彩塑之分。在现存作品中，绝大多数作品都经过上彩和敷金，因此彩塑在泥塑作品中占有重要的地位。一般而言，泥塑材料有黄泥、纸筋或麻筋、木骨架、草绳和经书等。内容主要是人物，特别是历史人物和高僧大德，以及各种佛像。从高达数米的弥勒佛像到手指般大小的佛像，都有自身的规格和模式。塑像大至分为佛、菩萨、度母、本尊、护法、祖师等六类。佛的形象慈悲、和善；菩萨是佛智慧的化身，因而仪态动人，可信可亲；度母细腰丰面宽臀，双目流盼，神态妩媚；本尊和护法呈忿怒状，面容狰狞。这些泥塑作品，有较高的艺术水平。塑像与普通泥塑相比，则形制较小，其技法也与普通泥塑不同，为模子模印而成。

图12　藏娘泥塑

4. 藏娘木作技艺

藏娘地区木作技艺（图 13）在宗教建筑中受汉地营造大木作影响较大，而在村寨民居建筑类型中，木作并不是建筑技法的主体，其木作部分的技法沿通天河上游地区普通留存，自成一体，有很明显的人文自然烙印，其构成简述如下：①竖向结构：梁柱构成，梁可以相对于柱 180 度自由旋转的铆接构造。②楼板结构：梁板构成，木椽上盖薄青石板或边麻灌木草木檩。③上腹构造：红黏土夯实，铺地，黑黏土夯实找面。

图 13　藏娘木作

5　藏娘八寨村落发展价值

本着“保护在先、合理利用、促进发展”的原则，处理好保护与发展的关系。保护上，因地制宜、不搞“一刀切”，充分尊重村民意愿。对需要整体保护的传统村落，可在不破坏整体布局的前提下，对村内道路进行修缮、导入消防、供水、污水处理等基础设施，完善相关公共服务；对需要保护的传统民居，应与村民协商，达成共识，在不改建筑形态的前提，可以完善内部生活功能，让村民能够享受到安全、卫生、舒适、便捷的现代化生活。发展上，加大民族传统村落扶持力度，整合各方资源，着力培育一批特色种养业；着力打造一批民族传统村落乡村旅游、休闲观光旅游、健康养生旅游、民族文化旅游景点，为村民创造发展路子，提高民族传统村落持续发展。

5.1 活态的传统村落对于发展的作用

1. 留住了人

“活态”的，传统村落应该是让人住在里面才能保持村落的生机和活力。竭尽全力保存下来的传统村落及其文化，主要是为生活于其中的人准备的，而不是“用来给我们看的”。

2. 有效传承了文化

文化形态对于人的认知度有很大的作用，一个活态的文化容易让人记住，对其产生深远的影响，并可以促进文化的传播与传承。

5.2 玉树地区经地震后注重文化旅游，对于传统村落的影响

从过去以农业为主，以牧业为辅助，兼顾手工业和商业的复合社会经济模式，是根据区域发展资源条件，在长期的社会实践中，逐步形成的传统社会经济模式。随着现代社会的发展，人口的增长，资源结构的不平衡。发展成为世界性的课题，发展瓶颈是目前普遍面临的困境。

如何实现社会的发展，是一个整体社会进步的问题。在村落保护发展项目中，这是可以实现的。在原有的传统社会经济模式的基础上，完善优化，根据自身资源优势和发展环境，培养新的发展产业支撑。以人文自然资源为驱动力的文化旅游产业是一个具有深度开发价值的新产业模式。

从改善民生到解决就业和改善地区经济运行状况，增加财政收入，再到培育形成产业化进程，形成新的社会经济模式，实现稳定增长的社会发展模式。

5.3 格局不变，不做文物保护，做文化风貌保护

传统村落保护（图 14）不同于文物保护，文物保护更多的要保持其“静”，要体现其历史价值，而村落保护恰恰与其相反，更多的要提倡“动”，

没有生机的村落是没有保护意义的，不存在保护发展的价值，所以我们在传统村落保护中提倡科学规划、连片保护，在原有格局不变的前提下以传统村落整体风貌为主要打造对象。

图 14　藏娘村落格局

6　藏娘八寨传统村落保护原则

1. 保持传统村落的完整性

注重村落空间的完整性，保持建筑、村落以及周边环境的整体空间形态和内在关系，避免“插花”混建和新旧村不协调。注重村落历史的完整性，保护各个时期的历史记忆，防止盲目塑造特定时期的风貌。注重村落价值的完整性，挖掘和保护传统村落的历史、文化、艺术、科学、经济、社会等价值，防止片面追求经济价值。

2. 保持传统村落的真实性

注重文化遗产存在的真实性，杜绝无中生有、照搬抄袭。注重文化遗产形态的真实性，避免填塘、拉直道路等改变历史格局和风貌的行为，禁止没有依据的重建和仿制。注重文化遗产内涵的真实性，防止一味娱乐化等现象。注重村民生产生活的真实性，合理控制商业开发面积比例，严禁以保护利用为由将村民全部迁出。

3. 保持传统村落的延续性

注重经济发展的延续性，提高村民收入，让村民享受现代文明成果，实现安居乐业。注重传统文化的延续性，传承优秀的传统价值观、传统习俗和传统技艺。注重生态环境的延续性，尊重人与自然和谐相处的生产生活方式，严禁以牺牲生态环境为代价过度开发。

7 藏娘八寨传统村落保护措施

（1）民居、古建筑保护。原样保护有价值的古旧民居，尽可能地保持原样，若存在安全隐患，用传统技艺进行修复，用原材料和原工艺新建民居。

（2）特色产业培育、特色文化传承。通过组建培训基地，让传统文化与技艺得到长远发展。

（3）努力保护绿色生态，保护了村落的生态，也就保护了当地群众最基本的生存条件。

（4）尽量节约资源和能源，传统民居的建造和使用，要尽可能少地消耗能源、资源，尽可能多地选用生态建筑材料，尽可能多地保留生态的使用功能，以达到节能与环保的要求。

（5）努力发展民族传统手工业，传统村落有许多能工巧匠，他们用灵巧的双手，手工制作出丰富多彩的手工制品，以满足本民族生产生活的特殊需要。这些手工产品，具有浓厚的民族风格和地方特色，体现了少数民族的特殊审美情趣和价值取向，其生产技术是重要的非物质文化遗产，发展民族手工业，不需要较多的投资，不污染环境，还能解决一些群众的就业问题，也有利于保护和发展少数民族优秀传统文化。

布达拉，一个建筑师朝圣之旅

马扎·索南周扎[1]

布达拉

一个建筑师朝圣之旅。

礼赞

很久以来，一直都有一种强烈的愿望，用最质朴的心灵和最真诚的语言，礼赞布达拉宫。在我未曾亲历他的至美时，他是我的心中圣地，当我第一次涌入他的胸怀！我彻底地臣服了。不仅仅是一个藏人对信仰的臣服，更是一个建筑师面对一个伟大建筑的臣服！当你真正感受到一种无界的厚重和博大时，一切语言显得那么苍白！一切的感知器官、甚至大脑都震撼得无法做出任何判断，唯有心灵在他的俯视下化作晶莹的泪珠，划过呆滞的面颊。我清晰地记得我第一次朝圣布达拉的经历，不知道那样的震撼此生是否还会再有，一次便让我铭心！伟大的建筑，是文明的丰碑，是历史的记录，更承载记忆和信仰，教化和充实后人。我曾亲历不少伟大的建筑，但是，当我努力怀着克己的理性去感悟，我无法质疑，从没有一个建筑，让人如此的敬仰，从没有一个建筑如此撼动心灵，从没有一个建筑如此的清除内心的傲慢和狂妄，面对他，你除了赞叹和诚服，除了恭敬和谦卑，已经无能为力。我

1 马扎·索南周扎，中国民族建筑研究会藏式建筑专业委员会秘书长，明轮藏建设计机构总经理、创作总监，长期致力于传统藏式建筑的历史文化研究及现代藏式建筑的创作探索。

相信，任何伟大的诗人，都会顿失言语韵律。只有在回味中慢慢品味那份震撼和诚服，让内心流露出质朴真诚的礼赞。

这是我第一次写布达拉宫（图 1、图 2），作为藏人，唯恐言语亵渎他的厚重和博大，作为建筑师，你仍在我尚未企及的净土，而我仅是一个朝圣行者，作为现代人，我感恩您让日渐麻木的心灵复苏希望的明光。而我在此写您，不敢诠释您的伟大和至美。更不敢妄断您的恩泽福慧。仅仅因为一个铭记恩泽的虔诚礼赞和祈祷！如果，第二次，我愿我已俯首于您的殿堂，如果，第三次，我愿我已寂息于您的庄严。

图 1　布达拉宫夜景

图 2　布达拉宫夜景

探究源流　亲历延续　感悟形格

在今天拉萨市的河谷平原，拉萨河以北，群山环抱之下。

气贯东西而面陈南北，红山地而起，即便我们没有任何对土地的了解和尊敬，也难以否认，这山是独具个性的。更何况一个敬畏于自然的民族，怎能忽视这种个性在天地间的张扬。如果我们跨越时空，以一颗远古的心灵感悟，一定可以理解，吐蕃第二十八代赞普拉托托日年赞，为什么会在拉萨河谷选择这样一座山，并在此修行。这便和之后的吐蕃第三十二代赞普松赞干布迁都拉萨结下因缘，按照汉藏文化的相地之法，都不得承认，这方宝地必将恩泽四方，这座山岳更聚福慧灵韵。据考证，公元 633 年，松赞干布迁都拉萨，也就是布达拉宫建成之时。正如根等群培集古籍载录而呈于白史中的高十一层，房近千间的“森康噶布”，以及恰白·次旦平措先生《西藏通史——松石宝串》中的庄严宫殿。如果，逐步从吐蕃民族发源地山南向拉萨河谷地带扩张，是发展的必然，那么，选择这方宝地和这座山岳，蕴含着天地与这位即将俯视四方的年轻赞普，一种大志向和大成就的契合。森康噶布的建成，是松赞干布确立的宣言和一切大举的开始。也昭示他如红山和森康噶布般傲视群雄，众星捧月的传奇。历经吐蕃王朝的兴衰，这座宫殿已成为如今布达拉宫的缘起，自松赞干布腹抱宏图，续先人之缘，建造森康噶布，迁都拉萨，联姻大唐和尼泊尔、初弘佛法，成就并架与大唐的霸业。红山和森康噶布不仅是整个民族文明智慧体现，更彰显整个民族的形格，同时，也烙印这位恩泽后世的先王的个人情怀！如果，你在拉萨河晨曦的青涩中亲历金色的阳光遍照布达拉宫，铺满拉萨河谷，我相信，你可以依稀感受森康噶布的雄奇和松赞干布的庄严。

森康噶布在吐蕃时期，松赞干布在位之时，由尺尊公主提议并主持扩建，初具规模。之后，经历吐蕃的衰落，和几个世纪的动荡纷争，红山和红山之上的圣殿逐步被冷遇和破坏，直到公元 17 世纪，历史再一次垂青这方宝地和这座历经沧桑而傲视四野的山岳。随着藏传佛教格鲁派的发展和壮大，到五十达赖喇嘛时期，格鲁派已经经历了数次的危机和转化，并在此过程中，逐步依靠自身体现出的更富潜力和优秀特质，获得外围蒙古诸部的支持。这一优势在复杂的变革和斗争中，从三世达赖喇嘛弘法、事法并寂于蒙古而凸显，更应四世达赖出于蒙古而确立，五世达赖喇嘛最终在蒙藏双方的综合因素的影响下，得到固始汗的武力扶持，统揽大局。

1642年，再续前缘，红山再次承载着一个恩泽雪域的宏愿，即将昭见又一个时代的荣耀。与之前不同的是，这份宏大的蓝图，示现于一个出世智者的信仰和他利益苍生的善业。成就于一个对佛法怀不二信仰的在世善知识的福田妙果。

布达拉宫集中体现着那个时代的胸径、性格、智慧、才干和成就，更延续着传承与建筑的坚定的民族性格，一个源自古老信仰、植根于灵犀净土的信仰和内在性格。如果，我们贴近心灵，跨越时空，我们不难想象，依照吐蕃先民的质朴情怀和豁达性格，以及五世达赖喇嘛所代表的智慧和远见，两个时代的红山建筑，都最完整地表达着那个时代所赋予的责任和使命。前者，是个性的随性张扬和气度的包容，后者，多一份智慧的谦逊和随和，多一份方便和包容，但内在仍然在静默和质朴、粗犷与大气中透射内在的性格。

正是这样的条件，促成了这座孤傲的山岳始终和智慧精英的默契和相谐。也可以说，红山和布达拉宫，在很大程度上集中、综合体现着藏式建筑的阶段成就，见证文明的变迁和建筑文化的跃迁。布达拉宫和红山以及与此相关的藏族先民，如果对这个构成三要素做全面、关联、深度、拓展的多学科比较研究，一定可以让我们确立一个更深刻的藏文化观和更完整建筑观、更有现实意义的人文史观。

浅谈大夏河流域藏族民居建筑的平面组合方式及其特点

张晓林[1]

大夏河，藏语称“桑曲”，发源于夏河县西南部的甘青边界之大不勒卡山，流经夏河县桑科乡、九甲乡、拉卜楞镇、达麦乡、王格尔塘乡、麻当乡、曲奥乡等 6 乡 1 镇，横贯夏河县境。于土门关（甘肃省甘南藏族自治州与临夏回族自治州的交界处）处出境，流至临夏州永靖县莲花乡汇入刘家峡黄河水库。大夏河流域藏族聚居区就指以上的 6 乡 1 镇，这里居住着历史上的“拉德四部翼”（地处今九甲乡和拉卜楞境内，桑科乡亦属拉德部落境内）、“南木拉部落”（地处今达麦乡和王格尔塘乡境内）、“霍尔藏四部”（地处今麻当乡和曲奥乡境内）等藏族部落。据张其昀所编的《夏河县志》记：“本县自古为藏人所居，清初又有蒙古族自入侵其地，致成今日汉蒙藏回杂居之现象”。可见，居住在大夏河流域的藏族有着悠久的历史和文化，研究和探讨该区的藏族传统民居建筑，对研究藏族建筑及其文化有着很重要的借鉴和参考作用。下面就着重从大夏河流域的藏族传统平房建筑的房屋平面布局结构出发，分析该区藏族民居建筑的平面结构的重要组成和各组成部分的功能，进而探讨该区藏族民居建筑的平面结构布局特点。因大夏河两岸地势相对低平，土壤相对肥沃，所以该区藏族民众多以农牧兼作的生计方式为主，有些甚至是纯农业，所以在这里探讨的主要还是该区藏族民居的主要形式——藏族平房建筑。

1　张晓林，中央民族大学藏学研究院 2010 级硕士研究生。

1 大夏河流域藏族民居建筑的布局方位及其功能

“建筑的平面设计是指房屋的长、宽和房间的布局，我们通常所说的房屋的大小和房屋的布置不是指房屋的高低、外部的建筑形式，而是指房间内部的大小和房间相互连接的设计布局，这就是平面设计。”[1]简单地讲，建筑的平面设计主要包括房间内部的大小，各房间相互连接的布局及各房屋的布置方位等。民居平面布局的组成主要指各建筑房屋的布局组成方式。大夏河藏族传统民族的平面布局组成总体上属于封闭性的廊院式布局，民居建筑主要由院落和走廊式房屋组成。

1. 院落大门

大夏河流域的藏族民居建筑的朝向与其他藏区的民居建筑朝向一样，一般都朝南，这样有利于最大限度地利用阳光。民居建筑的大门多建于院落的西南角或东南角，很少有居中的建筑样式，这与汉族地区大门的建筑样式不大相似。大门外也会另外用栅栏或者低矮的墙体围起一圈场院，多用于堆放柴草，圈养牛羊、猪等。外围的场院也有近似门栏的入口建筑，门栏常常是两边各栽一根平行掏空的木桩，根据围墙高低平行横置几根木条，多用于防牛羊进入。

2. 院落

进了大门，映入眼帘的首先是房屋院落。没有大门外场院的人家会把院落作为放置柴草的地方。院落的大小视整个宅院的大小和院内周围建筑的多少而定。肯定的一点是，不管宅院布局多么紧凑，院落的布局组成还是存在的。比如夏河县麻当乡奥赛村有一户藏族人家，整个宅院比较小，院内房屋的布局也很紧凑，但仍留了一块十平米见方的小院落。

3. 客房及经堂

该区藏族民居的客房和经堂大部分都同处于一屋内。客房和经堂一般在院落的正北位置，面向南方。建在高于院落两米左右的台地上，院落与台地之间置有用石头砌成的台阶。

客房是宅院建筑中的主体建筑，房屋大小一般都在四柱八梁到六柱十二梁之间，四柱八梁式的比较常见，房屋大小为阔间三间，进深两间。

进屋门右上角的一柱间多设置经堂，经堂大小视家庭财力而定。中间一间靠左墙处多掏有碗柜架，架内摆设各种藏式龙碗和碟子、茶壶、水瓶等，碗柜两旁还有小门柜和抽屉。屋内靠左面外阔两间是连体火炕和火塘。火塘和灶台间用木板式围台相隔。火塘形制近似于汉地的灶台。火塘和火炕靠近客房的窗户，光线充足。在火炕旁的里间的墙上多掏有墙体衣柜，用于放置衣物。整个屋内皆用木板作一层墙体，很是华丽。该屋除了接待客人外，还是家中长辈和年龄较大者的卧室。

4. 侧房（厨房）

虽然在客房内设有火塘，但除了重要时日，如过年、招待客人等时在客房做饭用餐外，平时做饭用餐多在侧房进行，侧房是真正的厨房。侧房一般也建在高于院落3米高的台阶上，通过通往正房的台阶沿正房屋前回廊即可到达。侧房多建于客房的东侧或西侧。侧房的房屋空间不大，多为两阔间，没有里间。进门第一间置有火塘，第二间为火炕，火塘和火炕仍多以连体的形式出现。在第一间的里边墙体上亦掏有橱柜，其形制跟客房中的大同小异。里面摆放的多是平时常用的餐具。火塘和火炕靠近窗体一侧。值得注意的是，藏族房屋建筑一般在外墙不设窗，内墙（即面向院内的墙体）多用木板隔成，设窗。

5. 屋前走廊

客房和侧房前一般都伸出一柱间，作为门前的走廊。走廊比较宽敞，可以放置一些生活用具。天气好的时候走廊成了家人休息、侃谈的好地方，遇到下雨天，还可以在走廊内做一些家务活。

6. 马康

地穴式建筑形制。是一种半地穴碉堡式的土木结构平顶建筑，典型的“马康”面宽四柱间，进深两间。传统的“马康”内有连锅炕等，是冬天防寒的居所。现今的马康多用于贮藏肉、酥油、粮食等生活用品。马康的房门窗设置很有特点，有些村庄“马康”的房门在侧房（厨房）内，可以从侧房径直去“马康”；有些村庄也有独立置门的。“马康”多不设窗，显得幽暗，敦实。

7. 厕所

该区藏族传统民居的厕所设置有两种形式。一种是建于院内的东南角或西南角的院落房屋下面。厕所四周的墙体多是用柳枝编成，也有用木板或木桩围起来的，厕所门多为简单的木板门或用较厚重的布料代替。厕所布置比较简单，多是挖一块四平米见方的坑，在靠门的坑上面横搭两根木头或木板。

另一种多建于民宅大门外不远处，有外院的家庭也喜欢把厕所建于外院。外院厕所多是两层形制，底层墙体用石头砌筑，二层墙体用木板或柳条编织围成，一二层之间搭铺木板或木头，中间掏一方空，用于方便。底层石头墙一侧置一小门，用于掏粪便。一二层之间搭建石头阶梯，也有放置木头单梯的。

8. 圈房

该区藏族传统圈房多建于院落的东侧或西侧，多跟侧房相对。圈房大小由每家所养的牲畜的头数决定。该区藏民多为半农半牧形式，会圈养头数不多的牛羊，还有每家普遍会养骡子或马、猪。由于该区藏民饲养的牲畜数量不大，圈房大小在两柱间左右。圈房面向院内的墙体多用木板或木头围成。圈房很少设窗，只有单扇门作为牲畜的进出口。

9. 草料间

草料间多跟圈房相连接，多建于院落南侧。草料间大小为两柱间到三柱间，内放牲畜的草料和各种农具，也可堆放柴木。草料间朝向院内一侧没有墙体，柱间多用木板隔开。

10. 煨桑台

桑台是藏族民居建筑中不可或缺的组成部分。该区藏族民居的桑台多见于院落大门屋顶的女儿墙上。桑台形制精美，由底座和上部的桑坛组成。

通体粉刷成白色。也有将桑台至于院内靠客房一侧的。置于院内的桑台形制一般比大门屋顶的大，也由桑台底座和桑坛组成。

11. 玛尼旗

玛尼旗是该区藏民建筑独有的标志之一。还没到藏族村庄，远远就可以看见玛尼旗迎风飘扬。在民居大门口建制玛尼旗，依藏族学者根敦群培的观点，是由古代军事制度演变而来。该区藏族民居的玛尼旗多建于大门口墙体旁，也有离大门口五六米远处的。玛尼旗旗杆是当地的原松木，高约七八米，玛尼旗颜色有蓝、白、红、绿、黄组成，象征金木水火土。有些人家的玛尼旗也有用单色白色所制。

2 大夏河流域藏族民居的布局特点分析

“十里不同风，五里不同俗”，大夏河流域藏族民居建筑的平面布局组合方式因每个部落和村庄的地理环境和生产方式出现不同的特点，但细细比较，它们又有一定的规律可循，这也是以河流流域为基点研究民居建筑和文化的原因所在。

总体上看，大夏河藏族传统民居具有以下几点特征。

1. 封闭的庭院式布局

传统建筑的平面布局一般可分为封闭式和开放式两种。封闭式平面布置“细分起来还有实体式、天井式、庭院或廊院式、都纲式”[2]等几种类型。大夏河流域藏族传统民居平面布局基本上属于封闭式的廊院式布局，是由以客房和经堂为主的房屋建筑围以院落围墙，房屋建筑和院落围墙共同组成该区藏族民居建筑的基本形式。有些民居还在院落外另围有一层场院。封闭式的廊院式布局是当地半农半牧的生产生活方式决定的。一定的农业生产方式要求当地居民需定居在离田地不远的地方，要把大部分时间放在农业活动上；农活之余为了满足生活需要，还要饲养一些牛羊，到了夜晚，放牧在外的牛羊需赶回家中圈养，为了牛羊的夜栖安全，只能把牛羊用围墙围起来，以防被盗等。

2. 底层院落区和高层生活区的平面布局方式

该区藏族民居的房屋和院落的组合基本上都是底层院落区和高层生活区

的布置方式。客房和经堂、侧房等人们生活和居住的房屋都建在高于院落一米至两米的台地上。院落和上层房屋之间用石头砌筑的台阶相连。底层院落区主要是牲畜活动区，多建有牛羊圈，骡子圈，猪圈，还有草料间等。有些民居还在房屋廊前用石头或木板建有半米多高的护栏。生活区和院落区的分区比较明显。底层院落区和高层房屋区布置方式反映出该区半农半牧的生产生活方式。生活区房屋建于高于院落一定高度的台地上，一是为了防止牛羊等闯入生活房屋；二是为了能从高处方便看管牛羊。把生活区房屋建于高处台地上，可能还有便于采集阳光的因素在内。虽然有些民居开始不养牲畜，只以农业生产方式为主，开始出现把侧房等建于底层院落区的现象，但还是与房屋的院落之间有一定的水平高度差。

3. 以客房和经堂为中心的平面布局方式

客房和经堂是该区藏族传统民居的主体建筑。客房和经堂的朝向和布局决定着该区民居建筑内容的布局方式。在该区，客房和经堂的朝向多为坐北朝南，这决定了该区民居建筑的其他建筑内容的布局朝向。而且，该区的客房和经堂布置在同一屋内，这与其他藏区将经堂分建于一屋的平面布局方式有一定的区别。自佛教传入藏区后，经过“前弘期”和“后弘期”的发展，形成了藏传佛教，该区有著名的藏传佛教格鲁派寺院拉卜楞寺（图 1）等，佛教成为影响该区藏民生产生活方式的主要因素。

将客房和经堂作为民居建筑的中心建筑的布局方式说明了宗教在当地建筑文化中具有举足轻重的重要作用。

4. “马康”的布局形制

“马康”是该区藏族传统民居中常见的布局组成。起初，“马康”是一种半地穴碉堡式的土木结构平顶建筑，是居住和生活的重要房屋。“马康”的墙体很厚，具有冬暖夏凉的特点，除外还有一定的防御功能。在有些村落，“马康”中还修有与左右邻居相通的暗道，可自如往来。可见，在历史上，该区藏族面临部落争战等残酷的战争环境。在其他藏区的民居建筑中，鲜见有“马康”的平面布局组成。

图 1　位于甘肃省甘南藏族自治州夏河县的拉卜楞寺

5. 独特的屋前走廊的建筑布局

在大夏河流域的传统藏族民居建筑的客房和经堂、侧房外都建有进深为一柱间的走廊。走廊是民居院落与房屋的过渡阶段，条件好的家庭在走廊地面铺有木板。这种民居建筑的平面布局方式在二层楼房的建筑布局中也很常见。在藏族很多寺院建筑中，也经常可以见到大经殿前建有走廊的建筑布局。在当地民居建筑中，屋前走廊多用于农闲时刻做简单家务和侃谈、休息的地方，走廊也是堆放一些简单的生产和生活用品的地方。屋前走廊的平面布局组成方式是该区藏族民居的重要特点。

6. 桑台、玛尼旗等重要附属建筑的布局组成

桑台和玛尼旗是该区藏族平房建筑的平面布局中不可或缺的附属建筑物。可以说，桑台和玛尼旗是该区藏族民居的主要标志。要是哪户人家大门顶上建有桑台，门前立有玛尼旗，那么就可以肯定该户人家内住的肯定是藏族了。煨桑是藏民每日重要的宗教活动之一，有些人家每天清早都会在桑台放起滚滚桑烟。

大夏河流域藏族民居建筑布局中，玛尼旗与桑台一样，是重要的附属建筑的组成部分。藏族是个虔诚信仰佛教的民族，佛教对藏民的生产生活有十分重要的影响，佛教文化同样深深地影响着藏族的建筑文化。大夏河流域的藏民在以拉卜楞寺为主的佛教文化中心的影响下，已把佛教的文化深深融合于藏族的建筑文化之中。

3 结语

大夏河流域藏族民居建筑除了平房建筑外，还有帐房建筑和楼房建筑。帐房建筑是以牧业为主要生产生活方式的草原牧区的主要民居建筑形式，在大夏河流域的主要生产生活方式还是以半农半牧为主，帐房建筑在该区民居建筑中所见的比例不大。在靠近林区的地方，比较常见的是二层楼房式的楼院式民居建筑，在二层楼院式民居建筑中，“马康”的建筑形制很明显，半地穴式的马康建筑一般就在二层楼房的后面，紧贴前面的楼房。其功能相当于平房建筑中的客房和经堂。在平房建筑中，“马康”形制不甚明显。不过，在当地，人们习惯上也有把生活居住的房屋都称“马康”。该区平房建筑中的封闭的庭院式布局、底层院落区和高层生活区平面布置方式，以客房和经堂为中心的平面布局方式，“马康”的布局形制，独特的屋前走廊的建筑布局，桑台、玛尼旗等重要附属建筑的布局组成等，构成了该区藏族民居建筑的平面布局特点，是该区民居建筑基本遵循的规律，虽然在建筑布局方式和建筑形制上，每个村落因地理环境和生产生活方式的差别而又有一些不同的特点，但整体上还是呈现大同小异的建筑规律。

参考文献

[1] 木雅•曲吉建才. 中国民居建筑丛书之西藏民居 [M]. 北京：中国建筑工业出版社，2009.

[2] 斯心直. 西南民族建筑研究 [M]. 云南：云南教育出版社，1992.

康巴藏区木框架承重式碉房的类型研究

王及宏[1]　张兴国[2]

康巴藏区是藏族三大民族支系之一的康巴藏族分布区，包括今天西藏自治区昌都地区、四川省甘孜州全境、阿坝州与凉山州部分地区、青海省玉树州以及云南省迪庆州等地区[1-6]。在这里，碉房与帐篷并存的另一建筑体系，按承重结构不同，主要分为木框架承重式碉房、墙承重式碉房、墙柱混合承重式碉房与棚空等类型。其中，木框架承重式碉房是康巴藏区最具代表性、应用最广泛的一类碉房，把握这一类型碉房的类型、演变与地域性分布规律，对完善藏族建筑体系的研究具有重要的学术价值与现实意义。

1　木框架承重式碉房的类型

通过实地调查分析，木框架承重式碉房按上下层边柱的构造关系不同，可进一步分为擎檐柱式碉房、叠柱式碉房与整合柱式碉房等 3 种类型。当碉房上下层柱分设，上层采用通柱时，称为“擎檐柱式碉房”。当碉房各层柱上下重叠，荷载由上而下逐层连贯传递至地基时，称为“叠柱式碉房”。当用一根柱取代碉房上下层分设的柱，将柱梁构成整体框架时，称为“整合柱式碉房”。

2　木框架承重式碉房的演变

以扩大空间规模为发展动力，以技术合理性调节为逻辑主线，并结合历

1　王及宏，重庆大学建筑学院博士。

2　张兴国，重庆大学建筑学院教授。论文出处：《重庆建筑大学学报》，2008.06，第 20-24 页。

史、自然、文化背景等因素来分析木框架承重式碉房上述类型的演变关系，大致可分为以下阶段：

2.1 基本单元及其发展

四柱限定的单层方形或矩形空间应是木框架承重式碉房的最简式样，因此将其作为该类碉房的“基本单元”，在四川省甘孜州部分地区被称为“空”，并以此为基本单位计算房屋的大小[1]。具有空间划分灵活，横向扩展在理论上不受限制的特点。

当单向扩展时，表现为柱梁框架单元在一个方向上的简单复制，构造不变，施工简单，加扩建灵活；当双向扩展时，产生边柱与内柱之分。由于内柱承担的荷载较边柱大2～4倍，其强度直接关系到整个房屋的安全，所以往往加大用料。这也是人们将保佑家宅平安的神灵、祖先附于其上，加以供奉与崇拜的主要原因。另外，对于双向扩展带来的室内采光通风问题，一般可通过天井、内院等形态手段加以调节。

2.2 擎檐柱式碉房的产生

基于防潮、安全、生产加工以及宗教活动等的需要，“基本单元”由横向扩展进一步向竖向扩展发展。由于新石器时代加工工具简陋，不可能将柱端加工平整，所以《卡若遗址》报告推测其建造程序与方法为：“平整地面或下掘地基后，根据房屋的不同形式选择柱洞或柱础的位置，挖出柱洞，垫好柱础，再架设框架。根据民族志的材料，立柱可能是选择一端分叉的圆木以支架横梁，然后用藤索捆绑”，并“据此推测这类房屋可能采取了‘擎檐柱’，这是一种用来承托屋檐悬挑部分的檐下柱子，至今仍是藏族建筑中的

---

1 甘孜州是木框架承重式碉房在康巴地区的主要分布地区之一，以“空”为木框架承重式碉房大小的计算单位，一定程度上体现了木框架承重式碉房的计算特色，而与墙柱混合承重式碉房以“柱数”为房屋大小的计算单位相区别，如“9空”大小的木框架承重式碉房的面积相当于“4柱”大小的墙柱混合承重式碉房，“12空”大小的木框架承重式碉房相当于“6柱”大小的墙柱混合承重式碉房。

特点之一。"[7]这种通过上下层柱分设的办法来解决上层结构支撑的构造思路，具有施工简便、加扩建灵活，对下层结构干扰少等优点，应是解决多层碉房屋顶结构支撑问题的最早形式。其外墙多为轻质、简易的树枝编织涂草拌泥墙做法，但由于柱外露易损，所以又有能起保护作用的土石外围护墙做法，以及提高边柱抗侧向力的木骨泥墙做法。但建筑层数均要受到材料长度的制约，故现状中所见这类碉房均为两层。

"擎檐柱式碉房"的结构整体性差，易为地震、泥石流等自然灾害破坏，从而促使其逐渐与轻质高强的"井干式碉房"相结合形成"棚空"，来解决安全性问题。

2.3 叠柱式碉房的产生

从叠柱法的构成看，将柱端加工平整是关键，这与加工工具的进步分不开，而从加工工具与制作工艺的复杂程度判断，"擎檐柱式碉房"与"棚空"仅需斧这样的简易工具即可制成，而这种工艺到近代仍在大量沿用。一方面与藏区自然环境较为封闭、与外界缺乏交流有关，另一方面，也在某种程度上说明，像刨、锯、凿等可进行复杂加工的工具，更可能是伴随着通婚、战争与移民，从外部传入藏区的。

叠柱法一方面解决了擎檐柱取材难的问题，另一方面由于上下层柱是叠压关系，使得底层柱的受力大幅增加，给取材、运输与加工带来困难。所以，在竖向扩展上，叠柱法的作用仍停留于理论层面，而缺乏实质性改进。现状中除宗教建筑外，民居一般仍为 2～3 层。

2.4 整合柱式碉房的突破

由于康巴藏区地处横断山脉地区，地质断裂带广布，地质灾害频发，上述两种结构形式均未能解决如何提高木框架承重式碉房结构整体性的问题，只有在接触到汉族建筑传统穿斗构架技术后，才产生了将叠柱式与擎檐柱式改换成整合柱式做法的突破，从而真正解决了木框架承重式碉房的结构整体性问题。

为进一步提高框架的整体性，在部分地区还产生了将单根柱组成排架的“排架式”做法，或在藏族传统多柱支撑做法的影响下[1]，发展出将边柱从单柱增加为双柱的“双柱式”做法。

整合柱式技术的应用也带动了叠柱式棚空向整合柱式棚空的发展，但为了避免柱身开槽削弱柱身的强度，现状中更多采用“棚子儿”与“房中房式棚空”兼用的形式来取代“叠柱式棚空”[8]，从而使木框架承重式碉房与井干式碉房各自在空间、结构上的优势得到有机整合与最大发挥。

3 木框架承重式碉房的地域性分布规律

通过实地调查发现，木框架承重式碉房是今天康巴藏区应用最为广泛的基本承重结构形式之一，受材料力学性能的限制，其扩大空间规模的方式主要是横向扩展。上述各类型存在如下的地域性分布规律：

“擎檐柱式碉房”主要分布在西藏自治区昌都地区北部的丁青、类乌齐、昌都、边坝等县，并延伸到四川省甘孜州北部的德格、白玉等县的局部地区[2]。“叠柱式碉房”主要分布在西藏自治区昌都地区南部的芒康、左贡与四川省甘孜州中、南部的巴塘、稻城、乡城、得荣等县，以及云南省迪庆州等地。“整合柱式碉房”主要是对叠柱式结构性能的改善，所以是叠加在叠柱式碉房分布地区中。其中，“排架式”做法与“双柱式”做法主要分布在鲜水河断裂带上的道孚、炉霍等县。

值得注意的是，现状中，在各类木框架承重式碉房的主要分布区之间的过渡区域中，还存在交融性、过渡性、尝试性做法多元并存的现象。比较有代表性的是，西藏自治区昌都地区贡觉县与四川省甘孜州白玉县之间，沿金

1 《昌都卡若》中分析“……房角部位，为了加大承重，在一个较大的洞穴内埋两根甚至三四根木柱，如 F20 的 528 号柱洞即是此类情况。”

2 据各地县志与《甘孜州志》考证，四川省甘孜州的甘孜、炉霍、新龙、道孚等县，过去也为擎檐柱式碉房的主要应用地区，只是近年来才为大量兴建的棚空所取代。

沙江两岸的三岩地区。由于地理环境极端封闭，不仅在文化上保存着古老的父系帕措、戈巴制度，而且在建筑上还保留了擎檐柱式、叠柱式、整合柱式以及碉房复合式棚空并用的做法，且沿袭至今，堪称木框架承重式碉房发展的活化石。并且，这里的木框架承重式碉房普遍达到了 4～6 层高，极为罕见。

尽管相邻的卫藏地区普遍采用整体性介于木框架承重式碉房与棚空之间的墙柱混合承重式碉房，但在康巴藏区木框架承重式碉房分布地区中，除了西藏自治区昌都地区中部的左贡、察雅等县，有少部分碉房采用墙柱混合承重式结构外，大部分地区未受影响，其原因何在?

首先，木框架承重式碉房分布地区的自然环境中，大都土多石少，故现状中外墙基本都是采用土墙，因其受力易裂，不宜作承重墙，这是限制墙柱混合承重式碉房在此推广的主要原因。尽管墙柱混合承重有兼顾节约木材与提高结构整体性的优点，但在梁端下设过梁，将集中荷载转化成均匀荷载的做法，增加了墙体施工困难，故仅在顶层局部有所应用。其次，在部分强地震影响区内，主要采用结构性能更佳的棚空，使得墙柱混合承重式碉房无应用必要。第三，高原、山原地区的地基承载力弱，木框架承重式碉房的墙体不受力，没有墙柱混合承重式碉房的墙体厚，结构重量较轻，而更为适用。第四，四川省甘孜州稻城县的木框架承重式碉房外墙采用石墙，一方面与这里碉房横向扩展规模大，石墙较土墙更便于在外墙上开窗，来弥补室内采光不足有关，另一方面也与这里出产石材，保证了原料供给有关。

尽管安多藏区也普遍应用木框架承重式土碉房，但由于其地处高原，自然条件较为单一，故而类型的多样性不如康巴藏区丰富。

综上，木框架承重式碉房作为广布在康巴藏区大地上的一种代表性建筑类型，其类型的丰富性在整个藏区都是绝无仅有的，而康巴藏区独特的自然条件始终是其得以在此一脉相承地存续下来，而未被其他碉房类型所取代的根本原因。

参考文献

[1] 甘孜州志编纂委员会．甘孜州州志［M］．四川：四川人民出版社，1997.

[2] 阿坝藏羌自治州志编纂委员会．阿坝州州志［M］．北京：民族出版社，1994.

[3] 西藏昌都地区地方志编纂委员会．昌都地区志［M］．北京：方志出版社，2005.

[4] 迪庆州志编纂委员会．迪庆藏族自治州州志［M］．北京：民族出版社，2003.

[5] 玉树州志编纂委员会．玉树州志［M］．西安：三秦出版社，2005.

[6] 李绍明、任新建．康巴学简论［J］．康定民族师范高等专科学校学报，2006(2)：126.

[7] 西藏自治区文物管理委员会，四川大学历史系．昌都卡若［M］．北京：文物出版社，1985.

[8] 张兴国，王及宏．康巴藏区棚空的类型、演变与地域性分布［J］．新建筑，2007(5)：427.

戳在河湟大地上的黄泥大印
——青海庄廓民居

李文珠[1]　杨启恩[2]

1　大地理背景下庄廓院的形成

青海位于西北农牧交错地带，处于西北中原文化、藏传佛教文化、伊斯兰文化叠加地区，属于我国典型的多民族地区。

从青海东大门民和县往上，经青海省会西宁直至美丽的青海湖畔，这条长达 300 多公里的风景长廊便称之为青海河湟谷地，黄河与湟水流域肥沃的三角地带，这里黄土广布，丘陵纵横，河谷地带植被茂密，为土木建筑原型的产生提供了必要的物质基础。

历史上青海是西北放牧民族羌族先民生活的主要地区，从夏商时期就有西羌的记载，依靠河湟地区特殊的自然条件，长期以来主要从事放牧生活方式，而西北少数民族特有的建筑形式便是碉房，碉房属单体建筑并没有院落空间，它往往是依据山势，一层为牲畜间，二层为居住空间，三层为储物空间或佛堂功能，这种空间布局适应了放牧的生活方式。当面对河湟谷地黄土地貌，这种垂直向的碉房空间布局很难实现，加之河湟谷地多为灌溉农业的农耕地，生产方式发生了显著的变化。其空间功能性质随着游牧到农耕的过渡发生了改变。碉房建筑并不能完全适应河湟谷地的生产生活方式，而汉族

1　李文珠，中国民族建筑研究会藏式建筑专业委员会会员，明轮藏建建筑设计室主任，主要参与河湟地区民居研究和考察工作。

2　杨启恩，中国民族建筑研究会藏式建筑专业委员会会员，明轮藏建室内设计室主任。

农耕文化所形成的合院形式，灵活的空间布局及传统的等级文化使得碉房竖向空间布局改变，与此同时河湟地区长期的战乱和地区冲突迫使民居建筑具有较强的防御功能，为此面对长年战乱和动荡的社会，土匪强盗不可避免，百姓为了自保，住房在原有碉房和合院基础上，高筑院墙抵御外人侵扰是应对动荡社会环境的有效措施。高大的围墙一方面起到防御的作用，另一方面厚重的墙体起到很好的蓄热保温作用，有效地适应了青海严寒、风沙大的气候特点。久而久之，封闭、高大、规整的墙体逐渐被当地各民族群众所接受。河湟大地特有的地形地貌、自然环境以及生产生活方式，加之外界因素，随着时间的推移在河湟大地上形成了地域特色民居建筑类型——庄廓院。

2 建筑特色浅析

2.1 空间布局形式

青海庄廓院整体呈长方形，中轴对称，南北方向纵向延伸，有一进院二进院之分，布局中正，功能分区明确（图 1）。

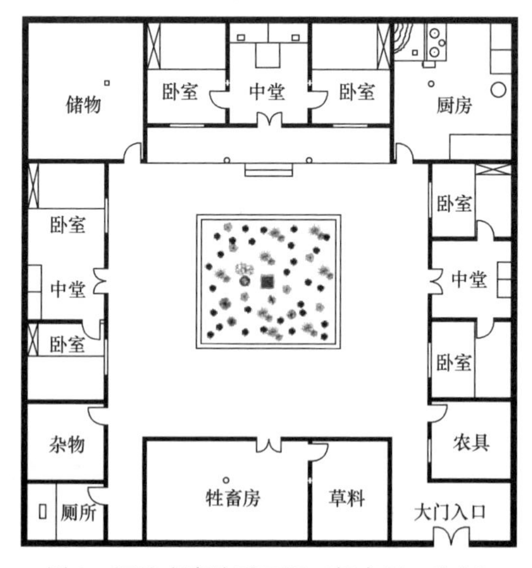

图 1 河湟庄廓院平面图（杨启恩 绘制）

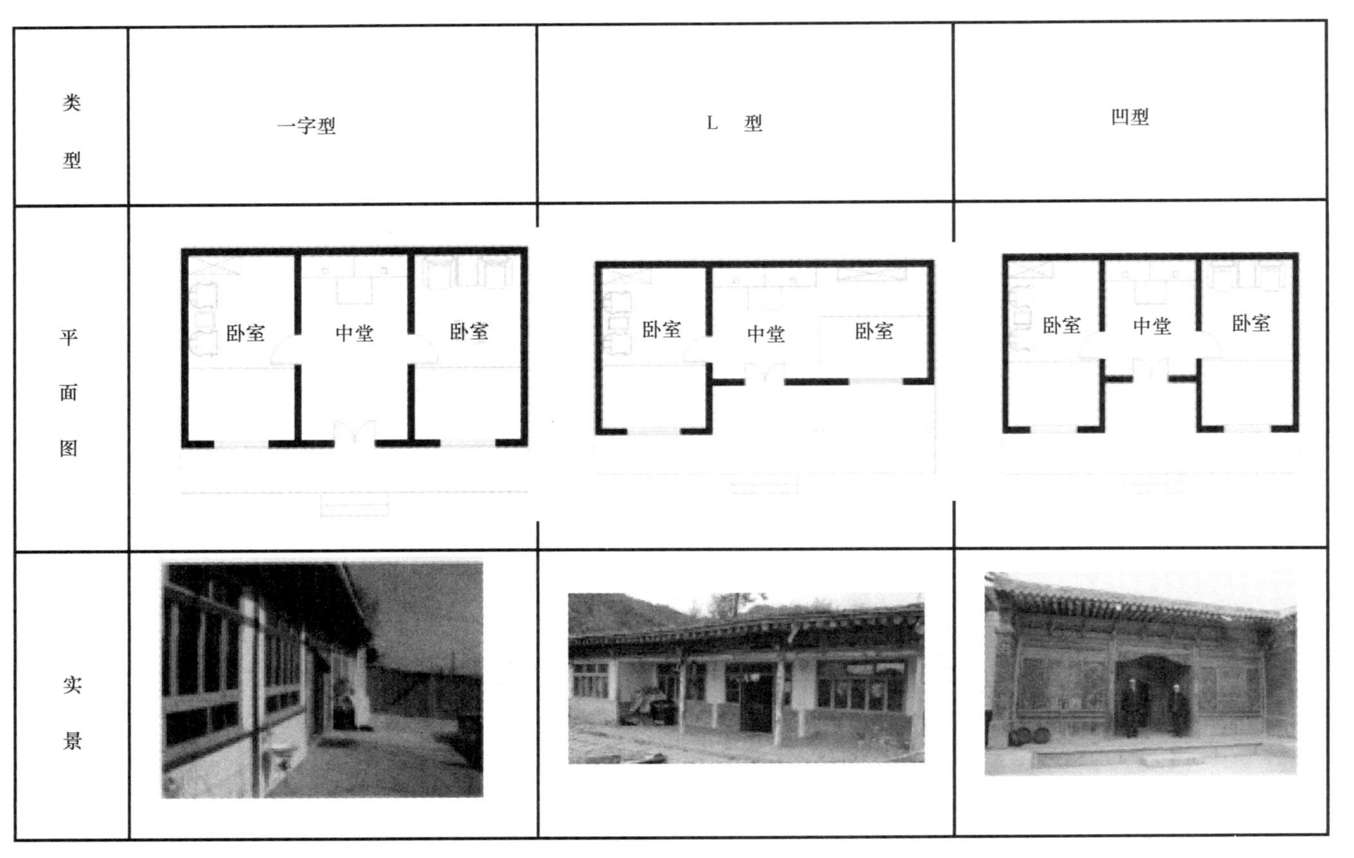

图2　青海庄廓正房形式（李文珠　绘制）

一般由正房、厢房、牲畜房、厨房、杂物房等组成，正房略高于其他房屋。

1. 正房

正房一般为庄廓院的主房（图 2），房屋一般为松木柱，梁、檩为承重结构，夯土或土坯为围护结构，房屋正立面一般做精细的木雕装饰，主房一般坐北朝南，房屋一般由家中长辈居住并设有中堂（图 3）或佛堂，中堂一般供奉道家“福禄寿”三位神仙、灶君司命或家中族谱，正房河湟地区称之为“松木大房”，正房的平面组织形式常见的有“一”字形、“L”形、“凹”字形。

图 3　河湟地区中堂实景

（李文珠　拍摄）

2. 厢房

正房前面两傍的房屋称之为厢房，坐东朝西的称东厢房，坐西朝东的称西厢房。青海河湟地区中的厢房一般为晚辈所住，若家中成员不多，厢房则用来储存粮食或作为库房使用。

厢房相比正房而言在建筑用料、建筑装饰、门窗、内饰等方面稍逊色于正房。

2.2　建筑构造

1. 围护结构

（1）夯土墙

河湟地区黄土丰富，土质良好，因此二十八板的夯土墙（图 4）成为了河湟地区筑造院墙及房屋围护结构的主要形式，河湟地区的夯土墙为收分墙，下宽上窄，具有良好的稳定性，夯打土墙时为使得墙体密实均匀，增加强度，施工时夯打土墙的人们往往手持夯杵，口唱打夯号子，按照同一节奏夯打墙体。这种当地特有的夯土墙高大厚实，突显出当地的朴实、雄浑的民族特色（图 5）。

图 4　施工当中的夯土墙

（图片来自网络）

图 5　河湟地区废弃

夯土墙（李文珠　拍摄）

（2）“胡墼”（音 hū zī）

青海方言将土坯称“胡墼”，“胡墼”就是古代汉人对西北地区少数民族所制的土坯的称谓。河湟地区可用的建筑材料仅有木材与土，当地老百姓就地取材将黄土制作为土坯作为房屋的围护结构，土坯墙用泥浆砌筑，为使得土坯墙在使用过程中不被风雨很快剥离，砌筑完的墙面再用加了麦秸的草泥墙进行饰面，加强土坯墙的耐久性（图 6）。

图 6　河湟地区土坯墙（李文珠拍摄）

2. 屋面

陕西八大怪中有一怪“房子半边盖”描写的是陕西地区一边坡的屋顶

结构，而在青海河湟地区也流传着青海八大怪，“青海的山上不找草，青海的房上能赛跑……”其中“青海的房上能赛跑”是河湟地区传统民居的一大特色。河湟大部分地区年降水量 350 毫米，多年平均蒸发量在 1000 毫米，属于典型的干旱少雨地区，受此影响，当地传统民居的屋顶形式普遍采用平缓屋面，坡度比约为 5%～7%。平缓屋面一方面节约了材料，降低了建造成本，另一方面屋顶上可以晾晒农作物、牛粪，满足生产生活需要。

河湟地区的平屋面（图 7）采用草泥屋面反复碾压而成，一般不做防水，故一定厚度的房泥需要很高的密实度，每当下雨过后房泥含水率增大，这时每家每户便用“房碌碡”进行反复碾压，增加房泥的密实度，防止房屋漏水。房泥会随时间的推移而流失，所以每两年还要增上房泥。

图 7　河湟地区平屋顶（图片来自网络）

3. 门窗

河湟地区传统民居建筑中的窗户（图 8），传统做法基本以支摘窗为主，纹样变化很多，而且上房、厢房和伙房的窗户在规格和样式上有着明显的区别，过去的窗户不仅仅为了采光实用，同时对建筑物起着美化作用，一窗一柱的设置常常具有对称性和韵律感，有一种古朴的建筑之美，从 20 世纪 60 年代开始河湟地区的民居窗户一般为平开窗，淡化了装饰

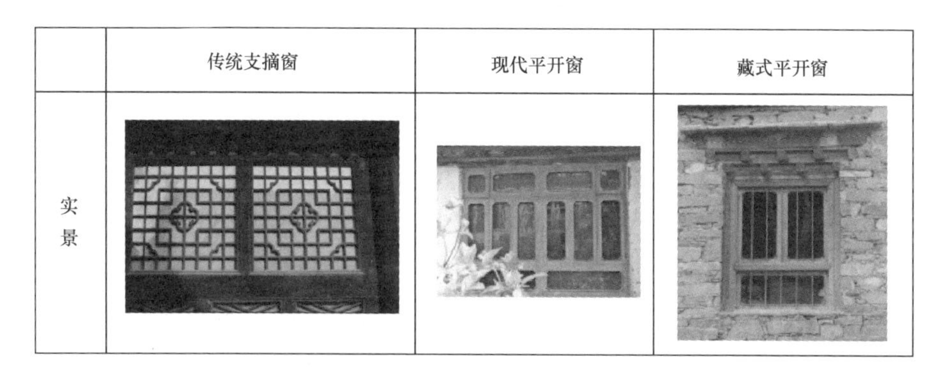

	传统支摘窗	现代平开窗	藏式平开窗
实景			

图 8　河湟民居窗户形式（李文珠　绘制）

性，强化了实用性。藏区庄廓窗户在汉族民居庄廓的基础上添加了藏族元素。

青海河湟地区的民居大门（图 9），是长期建筑历史发展的产物，它是过去内地先进的建筑技术和本土原材料相结合的基础上形成的。河湟地区的大门大都保持着木头的本色。

图 9　河湟民居大门（李文珠　绘制）

2.3 建筑装饰

1. 木雕

在中国民间美术体系中，木雕作为一种独立的建筑艺术，不仅具有悠久的历史，而且内涵丰富，种类繁多，做工精美，是民间美术中的佼佼者（图 10、图 11）。青海河湟民居中的木雕大都是口传心授的方式传承下来，它既有可视性和可操作性，同时也具有很大的流失性。河湟地区木雕的造型风格以古拙、质朴、简洁为特色，没有更多的繁缛和复杂，更接近这里朴实的民俗民风。河湟地区的木雕在传统技法上沿袭了内地木雕的神韵。但由于地处偏远，加之树种稀少，所以这里的木雕虽然也有传世佳作，但从数量和质量上远远不及晋、徽和江、浙一带。迄今为止，除了花卉禽鸟的内容，极少看到复杂的人物作品，也尚未看到记载河湟木雕的相关著述。

图 10　河湟民居松木雕花大房

（李文珠　拍摄）

2. 砖雕

砖雕作为中国传统文化观念和民族心理的物化形式，通过民间艺人的鬼斧神工，同时运用比喻、谐音、借代、联系等艺术手法，把不同时空的具有

图 11　河湟民居木雕

（李文珠　拍摄）

某种象征意义的符号或物象有机地组合在了方寸之间（图 12）。青海河湟地区的砖雕主要位于门楼、照壁，内容主要以花卉植物和动物为主，兼有吉祥宝器，人物砖雕极少。雕刻工艺简洁大方，造型古朴大气，反映了青海河湟地区人民质朴、大方的性格，厚重的夯土墙配上雕刻精美的砖雕，在视觉强烈的反差下诉说着青海人民的智慧与文化。

图 12　河湟砖雕门楼（李文珠　拍摄）

3　多元文化交融下的地域特色

聚居河湟地区的汉、回、藏、土、撒拉、蒙古等民族，经过长期的交流及相互学习，庄廓建筑技艺逐渐普及，被各族群众所掌握。为适应地区特殊的自然资源气候环境，虽然民族信仰、文化习俗不尽相同，但面对相同的自然气候环境，各族群众做出了对庄廓的共同选择，成为青海乃至青藏高原的特色民居，其中承载了深厚的历史文化信息。外观各族庄廓民居，并没有明显的差别，整体来看各民族庄廓外观形态具有较大的相似性，但在内部空间布局和室内陈设装修上，存在民族文化风俗上的较大差异。共性与差异性背后体现出两种决定性的因素。一种是以自然资源气候环境为主导的“气候因素”，另一种是以宗教信仰、风俗喜好为主导的“文化因素”。气候因素往往决定了民居特征共性的一面，这是在相同的自然环境下各民族共同的选择。文化因素决定了民居特征的差异性，它是在各民族之间迁徙、聚散、融合长期演变发展中逐渐形成的。

4　结语

虽然河湟地区是多民族聚居、多元民族文化交融的地区，民居形制受文化环境因素的干扰频率是相对较大的，但面对当地资源匮乏、气候恶劣的自然环境，不同民族往往做出相似或者相同的选择。

风貌独特的青海庄廓院是在青海特殊的历史条件和高寒环境中磨砺出来的，它承载着青海河湟地区特有的乡土文化，不仅是当地人民赖以生存的居所，还体现出了他们卓越的智慧与建造技能。

如今随着城市化发展，当地与外界接触越来越频繁，河湟地区的民居建设逐渐由自给自足的建筑模式转变为依赖外界输入的阶段，近年来那些古老的庄廓，那些体现着先祖们智慧才能、艺术造诣的建筑构件及雕刻，都在快速地消失，这是一种社会的悲哀，但社会好像浑然不觉，所有的村庄正在

“城市化”。这一个“化”字了得！化去了承载千年河湟民间建筑艺术的精气神，化去了河湟子民们的心灵归宿，化去了孕育在这厚厚黄土上的传统文化。

当前我们必须对传统建筑引起足够的重视，传承发展传统优秀建筑智慧，结构现代科学技术并融合当代生产生活需要，建立本土适宜的新型民居建筑模式。

扬华夏传统技艺　创民族建筑精品

常熟古建园林建设集团有限公司

联系地址：江苏省常熟市枫林路10号
联系电话：0512-52881957

藏族传统建筑技艺田野调查

张　飞[1]　郭连斌[1]

1　藏族地区自然与社会概况

藏族是我国民族大家庭的一员。它历史悠久，文化发达，语言属汉藏语系藏缅语族的藏语支。藏族主要聚居在我国青藏高原，包括西藏自治区和青海省的西南部，甘肃省的南部，四川及云南的西北部。辽阔的青藏高原平均海拔4000米，遍布着世界上有名的高山和江河。喜马拉雅山自西向东横亘在高原的西南部，北面冈底斯山自西向东横列在西藏境内的雅鲁藏布江北岸，东段紧接横断山系，横断山自西向东纵贯南北的大山，东面止于四川阿坝藏族自治州的东缘。这些横断山分别是怒江、澜沧江、金沙江、雅砻江等江河的分水岭。最北面的昆仑山介于新疆和西藏之间，自西向东横贯青海的玉树、果洛两个藏族自治州。它和祁连山、阿尼玛卿雪山、巴颜喀拉山、唐古拉山等山脉构成青海藏族地区的主要山脉。此外青藏高原上湖泊星罗棋布，还是长江、黄河、澜沧江的发源地。

2　藏族文化在中华文化中的重要性及其田野调查的必要性

在中华民族漫长的历史长河中，少数民族地区是源远流长的中华文明的重要发祥地之一。具有悠久历史的藏族人民在改造和征服青藏高原的物质土产活动中，创造了独特丰富的藏族文化资源，她是中华民族文化宝库中的瑰

1　张飞，中国民族建筑研究会藏式建筑专业委员会会员，明轮藏建建筑设计室组长。

2　郭连斌，中国民族建筑研究会藏式建筑专业委员会专家，明轮藏建设计综合部主管，主要参与西部少数民族地区建筑文化研究及田野考察。

宝，越来越为世人所关注。

近现代，很多学者都对中国文化中“和而不同”的传统思想及其当代价值进行了大量的探讨和研究。尤其是构建“和谐社会”、“和谐世界”的发展理想，使我国在国家建设、社会发展及对外关系等方面一直都秉承着“和而不同”的思想和文化理念。藏族文化是中华文化的重要组成部分和动力源泉之一，它丰富了中华文化的多样性，对于中华文化多元一体格局的形成和发展有着不可替代的作用。

藏族传统文化丰富多彩，而其中的五明文化中“工巧明”之一的藏族建筑文化尤其具有现代意义。在现代化的进程中，藏族文化面临着巨大的挑战，濒临危机的现象层出不穷，对藏族传统文化的保护迫在眉睫，随着一大批传统手艺人的老去，藏式传统建筑技艺即将消失殆尽。实地参与现场调查的“藏式传统技艺田野调查”的保护办法行之有效，是为保护研究工作开展之前，为了取得第一手原始资料做好准备。

3 环喜马拉雅建筑遗迹遗址及非物质文化田野考察

环喜马拉雅建筑历史文化遗迹遗址及非物质建筑工艺技术遗存田野考察规划是西部民族建筑历史文化研究学科建设工作的一项基础性的学科建设工程，是中国民族建筑研究会藏式建筑专业委员会对建立完善的我国西部少数民族建筑历史文化研究而规划的重要举措。考察规划以地质学概念的喜马拉雅区域为基本范围，以山脉和河流为路径，以喜马拉雅地区民族文化走廊为线索，以人类学的视角，以建筑历史文化遗产的保护为核心，同时配合语言学、民族学研究、岩画及史前人类学研究、民族风俗、史诗研究，关注现代文明模式下，少数民族人文自然的变迁及对文化传承的影响，形成建筑历史文化遗产遗迹和非物质建筑工艺技术遗存的资料收录、整理和保护倡议。建筑环喜马拉雅建筑历史文化基础资料数据库，陆续整理出版田野考察报告，汇编文库出版计划，配合其他知识资源库形成我国西部少数民族建筑历史文化研究基础大数据结构，为后续研究提供良好资料工具基础。重要建筑历史文化遗产遗迹及非物质建筑工艺技术遗存的保护规划，通过民间学术机构的倡导，逐步完善政府遗产保护和研究利用的合理方法。以民族学和社会学的学科视角，关注西部少数民族地区的城镇化理论研究，逐步引导思考少数民族地区城镇化的合理方法，并为此研究搜录大量基础民族学、社会学、建筑学基础调研数据。以语言学研究、史诗研究、史前人类行为如岩画研究等，搜集喜马拉雅地区即我国西部少数民族地区各民族同源异体的史前文明构成的重要研究数据。这一论点也是基于对多学科视角下，我国西部少数民族建筑历史文化研究而初步得出的理论推断，需要大量的田野资料作为研究基础数据，并在以后逐步整合各学科研究资源分析论证，最终，探讨喜马拉雅对我国未来可持续发展的战略性价值。

同时，考察规划科学地建立文化遗迹的保护方法和考察方法，注重文化遗址遗迹的发掘保护，深入研究、探究文明的渊源。以符合文化形态特点的视角的研究方法及学科设置，以符合党和国家政策法规，服务文化强国，社会品质构建，文化多样性的战略步骤，站在中华民族的高度，向全人类展示由于地理环境限制曾经被忽视、对人类文明的未来走向产生深远影响的环喜马拉雅文明。展示这种文明形态最重要的物质载体、中华民族建筑体系的重要组成部分——环喜马拉雅建筑体系。

自 2012 年起，此环喜马拉雅田野考察每年分两到三期，以大小金沙江、澜沧江、黄河、怒江为地理路径，沿河谷进行西部山地民族建筑田野调查，当然我们主要是以藏羌建筑为主要调查对象（图 1～图 4）。

图 1　通天河流域田野考察

图 2　黄河流域田野考察

图 3　澜沧江流域田野考察

图 4　澜沧江流域田野考察

4　藏式传统建筑技艺——关于石、土、木的技艺

藏族建筑传统工艺技术遗存是藏族先民在漫长的历史长河中，利用本身的物质条件，秉持藏人谦恭的生态性格，以藏人特有的思维意识和审美模式，逐步实践沉淀的建筑文化技艺。就地取材、循环利用、学习创新、独树一帜是藏族传统建筑技艺的重要特色。

4.1　关于土的技艺

千百年来藏族人民经过不断地摸索和实践熟练掌握了一整砌筑和夯筑墙体的技术。环喜马拉雅建筑遗迹遗址及非物质文化田野考察队目前主要调查的是囊谦县吉曲流域的夯土墙和通天河流域地区的土坯墙两种做法及其独特的打阿嘎传统的建筑夯土技艺。

1. 土坯墙

土坯制作一般是先将和好含有一定泥、砂石的泥（泥先闷水，然后踩匀），在木模内成型，脱模风干形成。砌筑土坯墙时：一般一顺一丁砌筑，一般在土坯墙下都有一两层石砌墙脚。砌筑一层土坯，铺一层稀泥作为找平层，再砌上一层。有的墙体在两层土坯之间，加入一层厚约 2 厘米，宽约 15 厘米，长约1～2米的木板，目的是加强墙体的整体性和防止不均匀下沉（图 5、图 6）。

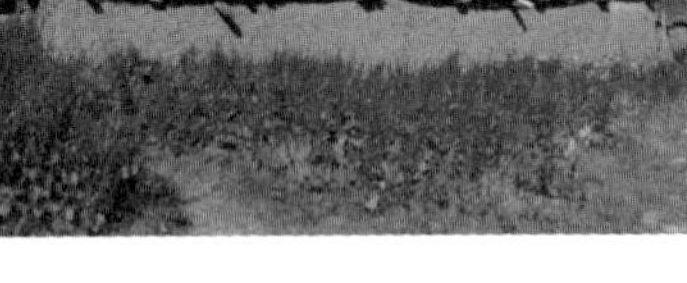

图 5　吉曲乡瓦卡村某民居

图 6　吉曲乡瓦卡村某民居

2. 夯土墙

夯土墙的用料一般是黏土中含有一定的砂石，也有一定的含水量，能紧捏成团。使用的工具为：木夹板、夯具及夯杵。一般在夹板底部等距放三根横木，横木长度因墙厚度而异，长度等于墙厚加两夹板厚再加两出头，出头两段各凿有孔。横木径约 10 厘米。根据墙厚，在横木上立夹板，用夹具固定。夹具三组（每横木上一组），每组有两根夹木，一根顶木，长度等于墙厚加两夹板厚，其上有一根绳索可绞紧固定两根夹木及顶木。然后在夹板内铺土分层夯筑。一般每板分三步或四步筑成。夯筑完一板，在平移夯筑另一板，内外墙均夯完一板，再提升夹板、夹具，抽出横木到上面夯筑第二板。墙角处上下板层互相交叉搭接咬茬，以提高转角处的整体性。上下两板之间，有的铺上一层小石块，这和在黏土内混有适量砂石一样，其作用是在墙体逐渐干燥过程中避免出现裂缝。同时在砌筑中随着高度的增加逐次收分，使外墙体呈内倾感，而内墙体仍然保持与地面的垂直。从建筑力学的角度来分析，因藏式建筑一般都是二层以上建筑物，收分技术，可以降低墙体的重心，以保证墙体的稳定性（图 7、图 8）。

图7 西藏昌都夯土民居

图8 西藏阿里地区夯土民居

3. 阿嘎土

藏式建筑屋面平顶的基本作法与楼层作法大体一致，柱梁框架立就后，在梁上错接擦木，然后再在擦木上平铺一道小木棍或是劈开的柴花，之上再铺一层小木椏枝或木屑，其上覆以黏土阿嘎土，先压实，再用特制的工具反复拍打、提浆、磨光，这种屋面制作方法，称之为“打阿嘎”（图9、图10）。然后涂抹天然胶类及油脂增加其表层的抗水性能。在日常保养时，经常使用羊羔皮蘸酥油进行擦拭，使夯制的表面光洁如初。

图9 西藏大昭寺打阿嘎现场

图10 西藏哲蚌寺打阿嘎现场

4.2 关于石的技艺

环喜马拉雅建筑遗迹遗址及非物质文化田野考察队目前主要对大小金沙江流域、道帷、西藏石砌技艺进行田野考察。大小金沙江流域的石砌建筑分为石碉、木碉、混合碉三种。外墙全用石片砌成，按照类似榫卯的结构，大小相扣、横竖交错，使墙体受力均匀，不易裂缝、倾斜（图 11）。西藏石砌建筑藏居的外观特征是在厚实的石块墙体上面挑出的木结构平顶挑廊（图 12）。

图 11　金沙江流域班玛石木碉

藏族对砌筑用石的要求颇高，石料质地坚硬，不易风化、无裂纹，表面无破坏迹象，污垢要清除。砌筑石墙的材料有两种：块石和片石。石片用来垫平、塞紧石块之间及上下两层石块之间的缝隙的，厚约 2～3 厘米。在砌筑墙体时先放线、盘角，然后进行挂线、砌筑，即砌筑时先砌块石，在两角里外拉线，再砌中间的石块。每砌一石，下面用石片垫平，左右石缝间填塞片石使之紧密，再用石块砸几下，让其就位、稳固，不能移动。砌好一层块石，上面铺砌一层石片找平。墙体内部塞石片时可少用点泥浆，目的不是找平，仅是临时固定找平用的石片。上下两层石块之间，用石片找平垫稳，上下两层石块注意错缝。转角及里外石块之间，适当距离选用较长石块使之“咬茬”，不使里外两层皮。内外墙体同时砌筑，也要注意“咬茬”。在一些重要的大型建筑中，墙体砌到一定高度时，内部还要平放一些大枋木，认为这些材料可以对墙体左右拉结和起到均匀沉降作用。同时砌筑时要求错落叠压，石块与石块之间

图 12　西藏山南雍布拉康石碉

形成“品”字形，绝无二石重叠。采用挤浆法分段砌筑时，首先砌筑角石（定位石），再砌填腹石。并采用“三皮一钓、五皮一靠”的砌筑方法。砌完一层后不必找平，继续坐灰砌上一层石块。每砌三层，用线硾找平一次，每砌五层，用靠尺找平一次。

4.3 关于木的技艺

藏族传统建筑中关于木作的技艺是在本土利用的基础上，融合了华夏传统建筑大木作的营造法式及尼泊尔等地小木作的传统工艺，创造了独特的藏族传统木作技艺。

1. 大木作

藏式传统建筑中，大木作主要为承重结构，承重大体分为柱承重、墙柱承重和墙承重三种形式。在三种承重形式中，尤以柱承重最普遍，最具代表性。其承重方式很特殊，一是采用柱顶梁的结构方式，柱梁之间用雀替来连接。二是各柱之间不像汉式木结构中的抬梁式、穿斗式建筑。其最大的特点在于墙体和木构架共同承重。藏式建筑的檩条和椽子实为一体，柱上架梁，梁上直接铺椽，不用檩条过渡。楼层之间不是一柱到顶，而是上下层柱分离接逗，同层内各柱之间也无必然的联系（图 13）。藏式建筑内结构中柱子的作用特别重要，纵向空间柱子的位置特别醒目，大空间纵向隔断主要以柱来表示，所以特别重视对柱子的装饰，同时对建筑物的面积计量单位也常采用

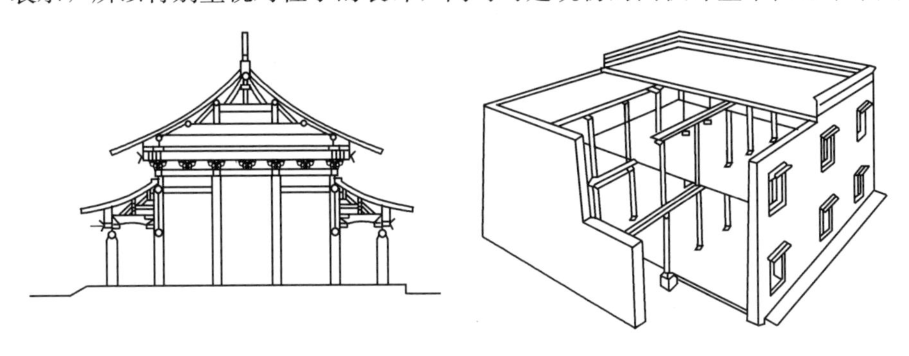

传统抬梁式构架　　两藏密梁平顶式构架

图 13　传统抬梁式与藏式平顶式对比

以柱数来计算的方法。在大型建筑物如寺庙大殿和宫殿的厅堂中，真可谓密柱如林（图 14、图 15）。

图 14　果洛拉加寺讲经堂柱头

图 15　果洛拉加寺讲经堂中庭

2. 小木作

藏式传统建筑的小木作主要体现在门、窗、檐顶等部位。小木作除了本身的结构作用外，一般装饰华丽、多变。在众多小木作装饰艺术中运用了概括、夸张、抽象与变化等多种表现手法，在有限的空间与环境中，通过有序的组合，形成了有节奏、有韵律的形象与形体美的平面和立体造型，充分展现出藏式建筑的独特小木作技艺。

5 藏族传统技艺的现代价值

5.1 藏族传统建筑技艺的文化价值

藏族传统建筑技艺，作为一门非物质文化遗产，它是民族精神文化的重要标识，内含着民族特有的思维方式、想象力和文化意识，承载着一个民族或族群文化生命的密码。它是人民生命创造力的高度展现，也是体现世界文化多样性，维护国家独立于世界文化之林——文化身份和文化主权的基本依据。藏族传统建筑技艺的文化价值不可估量。

5.2 藏族传统建筑技艺的生态价值

藏族传统建筑技艺中采用的材料中的土、石、木大都可以就地取材，当中的材料可以循环利用，气候适应性、节能性、生态微气候的营造等多方面总结了传统民居的生态经验。

5.3 藏族传统建筑技艺的社会经济价值

藏族的传统建筑技艺虽然在日渐发展的今天受到现代技术的冲击，但是在一些欠发达的民族地区，传统建筑技艺依然需要。“十八大”以来，习总书记在多个演讲场合指出：“我们要坚持道路自信、理论自信、制度自信，最根本的还有一个文化自信”。随着“文化自信”的这一重要论述的日益肯定和积极践行，藏式传统建筑越来越需要发展，藏族传统建筑手艺人的市场需要与日俱增，传统手艺人不仅仅在满足自我生计，同时也是对传统建筑技艺的保护和传承。

参考文献

[1] 陈耀东．中国藏族建筑［M］．北京：中国建筑工业出版社，2006.

[2] 李鹏．藏式古建筑木构架梁柱节点力学机理研究［D］．北京：北京交通大学，2009.

随谈喜玛拉雅文化视野下现代建筑师的艺术修养和思维结构

马扎·索南周扎[1]

建筑师应该是纯粹的，也应该是复杂的。当然好的建筑师一定能将复杂有机化！最终，建筑师还应该是纯粹的。

建筑师的意义就在于创造有价值的建筑。因为建筑本身是中性的，我实在不好说什么建筑是好的，什么建筑是不好的。但是有价值的建筑一定是可以被确认出来的。当然这个“有价值”的标准在随着时间的变化而变化，随地域的不同而多元化。现代背景下，在全人类的意义上，有些价值标准的差异正在逐步获得相互认同和尊重。这一点和人类认知视野的扩展与文化交流的认同是密不可分的。感谢互联网激发了这一以往无法实现的可能。

我想这个时代的建筑师应该是人类有史以来最为深刻的复合人才。这是因为，这个重要的时代在人类整体发展进程中的重要作用所决定的。如果，两千五百年前的轴心时代是一批智慧贤德用大脑、心灵和言教，去启蒙人类进入一个全新快速发展的时期。那么，我想，21 世纪，一样预示着一个伟大人类时代的开端，一个从思维、感悟、言教启发文明到用科学规划和行为实践去理性创造文明的转变。而这个时代名字不管叫作什么，一个人类不再完全以附和服从于风格的传承为主导，而在风格基础上有意识地规划并实践未来的时代；一个人类思想模式进入科学有意识的创造规划模式的时代，即将到来。我把这种人类思维模式称为“设计思维”。

1　马扎·索南周扎，中国民族建筑研究会藏式建筑专业委员会秘书长，明轮藏建设计机构总经理、创作总监，长期致力于传统藏式建筑的历史文化研究及现代藏式建筑的创作探索。

一个由人类对建筑的实践反思，而激发的哲学的复兴、人类认知智慧的提升，以及由建筑的生态环境反思而进步的人类“建筑”观念的再认识，正在逐步成为这个时代不可忽视的主旋律。而奏响这个主旋律的是城市环境从自然环境中的突兀，以及城市环境和自然环境的和谐危机！

也许建筑和城市将成为这个现代文明时代的启发和线索，而过去建筑仅仅是文明的盛装而已。我想这是建筑在现代文明背景下将会迎来的一个本质的身份转变，建筑和城市将从被动和混沌转变为主动的、有机的大系统，一个承载和实现人类社会文明的有机系统。建筑、城市将和人类现代社会成为一对物态机制和非物态机制协调运转的辩证关系。我想这是人类现代文明将迎来的最大挑战。

如果，柏拉图和释迦摩尼用言教主导我们要趋于圆满或者接近上帝之类的真理，那现在，我们应该在建筑、城市的认识和实践上，学着上帝自然创造行为的理性和完美，去规划并实现一个人造的、突兀于自然的、和谐有机的现代城市空间所承载的人类现代文明。

然而我们要看到，上帝的自然创造似乎是有机自发、生生不息的高级智慧的系统机体，人也在系统其中。当然，人的意义，应该是从这个系统超越，并成为真理或者类似上帝效应在又一个层级的实现。突然，我开始理解了，喜玛拉雅文化背景中，香巴拉众生悟道、千佛崛起是有可能的。这个美好的概念，就是驱动我们追求完美的能量。谁都不知道完美是什么？但是，追求完美的过程有着让人类获得智慧、快乐、和谐、幸福的美好收获和经历。我想，这个时代的建筑师，经历西方各种建筑哲学思潮和社会观念变革后，逐渐到了该清晰的时代。

我不确定扎哈和库哈斯的建筑城市主题，还能支撑多久。我不确定日本现代建筑师所秉持的、在地缘人文比较中建筑观念的沉淀，是否会确立为一种理性科学并有助于我们留住记忆、延续故事的折中性格。但是，我确定，东方人文性格和审美观念，会慢慢在建筑城市审美和建筑城市行为的范畴，进入重要的角色。这一点是历史趋势的必然。因为，不需要什么觉悟，只要你足够简单的清净，内心不起一丝波纹，当现代大数据信息的综合呈现于心湖时，结果一目了然、自然而然。

本质地说，除了真理的驱动之外，没有什么是创造。你会发现人什么都不是！人只需要一种状态：一种自然的、智慧的状态。这样人就是超越的。有人曾问我一个他认为纠结的问题如何解决？我告诉他，“站在山顶胸怀乾坤”。他再问，又有几人做得到？我说：“两人可以做到。慈悲智慧的人和恪守本分的人”。东方的心智智慧、西方的思维理性，在顶峰是合二为一的，一物一心。融合的特征是和谐、平静、简单、质朴、谦逊。从我浅薄的理解认为：五佛五智就是类似的人类认知境界。

儒家把孟子列为亚圣是有含义的，因为他仍有棱角。孔子的最伟大之处，在我看来是谦逊、本份、责任、恪守，这才是让他生起仁爱的土壤。因此，对中国人来说，国学的土壤是我们内在的性格，踏踏实实做人，本本分分做事，这样一个原则在生命中的贯彻和落实。喜玛拉雅的文明探究也离不开谦逊和善、恪守本质的法门。

中国人有着理解建筑的重要优势——人文性格和思维习惯。而中华文明重要构成中的喜玛拉雅文明，其价值核心的藏传佛教思想及五明学科体系，更有着当代中国人容易吸收、消化、理解的思维观念和认知结构的先天优势。

喜玛拉雅建筑的研究利于我们从哲学的高度，以中华传统思想的视角重新理解和认识建筑。这种反思的结果，在西方的建筑理论基础上，有着很大的人类建筑认知的扩展。东西方文化背景下，两种不同的建筑城市理解和认识，本质没有矛盾，互补融合成整体，是人类现代文明背景下的对建筑城市新的观念。

我非常幸运地生在藏地、学习华夏文化、被西方现代文明冲击；耳濡目染藏传佛教思想、恪守精神圆满重于物质丰富的田园幸福；也被诱惑着追求物欲，声色犬马，亲历人生甘苦，虽身植污泥，但内心毅求清净；信息共享的互联网时代，让我有机会遍访解脱之法门，时近不惑，才明白，所谓解脱，就是自心了然和坦荡；更进一步怡然境界，我一身污垢，不敢奢求，但求离去时，尝尽苦，赎尽罪，竭尽身心、无愧于心，坦然如来时。到不惑之

年我似知天命，不是我能，一来是因为，我的人生虽劣迹斑斑，但从未放弃信仰和努力；二是这2500年来人类整体的认知进步，已经积累了人类整体的智慧资粮，让我们积蓄了如佛教中所说的众生普遍悟道的可能，我想这是浊世末法的另一面的殊胜意义。

这个时代，人类已经架起了高速电梯，只要你愿意，就可以站在巨人的肩膀上。当然只有站得高才能看全面，因为这个世界足够大。而我们的时间是有限的。这个时代，应该是人脑大数据信息处理的时代；应该是因为人脑信息处理的局限，而激发出人工智能处理大数据信息的时代；应该是建筑哲学思维完善的时代；应该是人类学着按上帝的真理规则、超越自我的狭隘、审视和认识自身创造行为的时代；应该是以生态效率决定人类发展模式的时代；应该是人类整体素质提升的时代；应该是物质为精神服务的时代。这个时代是神退去翅膀和光环，张开双臂迎接步履蹒跚的哲学家的时代；这个时代应该是在黑夜中满眼星星，找不着北的艺术家，注目于圣贤之光的时代；这个时代，是科学和哲学这对兄弟相互启发，相互促进，各负其责的时代。

这个时代，是建筑师有可能感悟真理和圣贤的时代。

当然，建筑师的纯粹，是需要深刻理解的，否则会对建筑师产生误解。打个比方：建筑师的思维结构和知识体系，应该如同一座金字塔。塔底应该是博大和植根于土壤的，塔身应该是逻辑结构清晰和稳固的，而塔尖就是建筑师的创作及作品。由于建筑本身的属性和现代人类对美的理解的大趋势。建筑师的这个认知金字塔，应该总体趋于一种大思维的美学结构。而建筑师的行为应该是创造性的、逆向于这个金字塔结构、但服从其逻辑结构和审美心理的社会综合实践行为。这种大美其实就是趋于结构的数学逻辑美学和构造的工艺艺术美学，以及从结构到构造、从空间到空间组织趋于一种："符合地缘族源决定的个性化人文自然的文化美学的认同"。

我想，这应该当代建筑师所应该具备的三个维度的美学结构认识。至少我是这样理解并指导自己的设计的。建筑创作不同于其他艺术创作，他应该是有自己独特的特征。而这个特征融合着其他艺术门类创作的特征。从理性的到感性的；从灵感迸发的到逻辑分析的；从天赋的到思维的；从个性的到社会的；建筑师应该将各艺术种创作的理念在不同的建筑语言模式的逻辑建构中有机地运用。理想城市是一个可以不断自然生发的超级交响乐！

建筑的艺术性就是他的有机性、合理性、适度性以及与人的亲和舒适性。如果一个建筑给你的感觉是亲切的，那这个建筑可能就是你的家。如果一个建筑给一个族群亲和的归属感，那这个建筑是符合和承载特定文化需要的文化象征。如果一个建筑让全人类共识和敬仰，那么这个建筑一定抓住了符合人类共性的审美心理，这也就是这个建筑在艺术上的伟大成就——涅槃永生。这就是建筑的并不凸显的艺术气质的重要性，他的普世认同源自艺术的理解和表达。

建筑师应该如岁月的陈酿，一个不懂得感悟人生的建筑师，很难深度理解建筑，因为建筑不是儿戏，是责任。

建筑师应该是充满着理性光辉的。没有理性，感性会在其创作的建筑上标榜狂妄、傲慢、浮华、躁动的气质，这是建筑死亡的前兆。

建筑师应该深刻地认识美，臣服于美，并懂得组织美，创造美。如自然真理一般的创造美，并让这种理性的美，点滴中、不留意间，渗透感性的冲动、人性的失误和不完美。只有这样，建筑才不会是臆想的坛城，而是，实在的建筑。

人类学习自然真理，并尽可能地按照自然的模式去创造和驱动万物的过程，应该是现代建筑师的精神家园，这不正是佛教对坛城的憧憬吗？不同之处在于，现实中充满着对信仰的执着努力和行为的稚嫩粗拙的矛盾而已，而正是这个矛盾激发无限进步的可能，我想这正是人的可爱、可敬之处。

索南这样理解现代建筑师，不是独创，也不求赞同，但索南的每一个观点都是真挚和亲历的感动，是索南在现代多元文化背景下对藏传佛教五明文化中工巧明的感悟和理解。

如果，索南是个画师，索南明白了为什么凡人和圣人，在唐卡艺术表达中，有着不同的造像要求。埃及人用金字塔的完美几何美学象征神或者真理，并将死亡看做趋于这种永恒之美。同样，佛像造像度量经的几何逻辑法则是将自然数学的几何逻辑，度量于人体结构的比例。有谁能否认，人是自

然最完美的创造。如果圣人是真理的悟道者，那么，他和凡人的造像差异暗喻着人的精神方向。这应该是佛教造像及绘画艺术的深层内涵。

坛城和建筑的关系也是如此。坛城就是人类建筑认知和行为，不断趋于自然真理的目标。建筑师在不断重复尝试着扮演上帝的角色，如果建筑师意识到了这一点，他的每一个作品总是谨慎和尊重、竭尽所能和趋于自心完美追求的，是谦恭和顶礼的，而过程本身就是修行。如果可以自然而然地让所创作的建筑趋于如坛城一般的圆满意境，那么，建筑师也就修成果位了。

如果建筑师明白不了这一点，他总是狂妄和奢侈的，不怜惜如母的大地，不珍惜财富资粮，建筑本身已经偏离通向圆满的轨道。

现代人类文明背景下的建筑师应该是一种认识并追求在金字塔尖绽放自己的建筑智慧的人。

喜马拉雅建筑与明轮藏建

马扎·索南周扎[1]　郭连斌[2]

1　藏族文化在全人类文明中的特殊意义

藏族是中华民族的重要一员，分布于辽阔的青藏高原。主要聚居在西藏自治区，以及青海省的海北、黄南、海南、果洛、玉树等藏族自治州和海西蒙古族藏族自治州，甘肃省的甘南藏族自治州和天祝藏族自治县，四川省的阿坝、甘孜两个藏族自治州和木里藏族自治县，云南省的迪庆藏族自治州。藏族文化是中华民族文化的一部分，乃至全人类文明中不可缺少的一部分。藏族文化是一种人类在适应自然、改造自然过程中所创造的高原文化，也是一种特定社会历史阶段下形成并发展的文化。应当说，正是由于这些发展变化，才在不同的历史阶段显示出了藏族文化的勃勃生机，显示出它兼收并蓄的文化融合能力，使它走到了人类社会的今天。

我国是一个有着 960 万平方公里陆地国土和 300 万平方公里海洋国土的大国，不同的自然环境、56 个不同的民族形成了各具特色、丰富多彩的民族文化。

而世世代代生活在青藏高原上的藏族人民，拥有独具特色的历史和文化。它既是植根于藏族社会的民族文化，同时也是具有高原特色的地域文化。作为地域文化，它产生于青藏高原，既是这块土地上藏族人民智慧的结

1　马扎·索南周扎，中国民族建筑研究会藏式建筑专业委员会秘书长，明轮藏建设计机构总经理、创作总监，长期致力于传统藏式建筑的历史文化研究及现代藏式建筑的创作探索。图 1～图 7 为明轮藏建创作项目。

2　郭连斌，中国民族建筑研究会藏式建筑专业委员会专家，明轮藏建设计综合部主管，主要参与西部少数民族地区建筑文化研究及田野考察。

晶，也是这块土地上生活的其他各民族人民精神创造的成果。藏族文化既包括文学、艺术、宗教、天文、历算、藏医药等各种具体文化形式，也包括伦理道德、心理、审美等较深层次的文化意识，包括本体论、认识论、实践论等更深层次的思想内容。而这所有的一切，都无时无刻地随着丰富多彩的藏族社会的发展变化而发展变化。

图 1　色须寺大经堂

图 2　乌兰活佛府邸鸟瞰图

藏族文化是一种人类在适应自然、改造自然过程中所创造的高原文化。平均海拔 4000 米以上的青藏高原是地球上面积最大、海拔最高的高原，素有“地球第三极”之称。由于地处高寒，因此就人类生存环境而言，自然条件十分严酷。其基本特点是阳光辐射强、气压低、空气稀薄，空气中含氧量低、气温低、温差大，气候干燥，天气变化快。大多数地区为荒山荒原，生态环境脆弱，基本上没有纯粹的农业区，交通极其不便。这一切对生活在其中的人类的生产和生活产生了重大影响。但是，人类没有被这些极端恶劣的自然条件所吓倒，从旧石器时代起西藏就有人类居住。千百年来，以藏族为主的高原各民族人民在这里繁衍生息，创造了光辉灿烂的高原文明。在长期的生产和生活中，人们为适应恶劣的自然环境，形成了独具特色的生产和生活方式。在这些对人类适应高海拔地区有效的生产方式和生活方式基础之上，形成了独具特色的藏族文化。随着工业文明的进入，科技水平的提高，藏族文化也进入了新的发展阶段。

藏族文化也是一种特定社会历史阶段下形成并发展的文化。在严酷的高原自然环境下，人类始终发挥着适应自然、改造自然的积极作用。藏族社会拥有其他一切人类社会的共性，经历了从蒙昧时代到野蛮时代再到文明时代的发展过程，经历着从自然经济向商品经济、从计划经济到市场经济、从传统农牧业社会向现代工业社会的巨大转变。如果从新石器时期开始计算，人类社会在青藏高原上至少已经存在了几千年的历史。藏族社会从有史可考的囊日论赞到今天也有 1500 年的文明历史，经历了吐蕃王朝军政合一的贵族政治时期、地方领主势力割据的分裂时期、元朝以后至 20 世纪 50 年代的政教合一的封建农奴制时期、和平解放以及民主改革以来的社会主义初级阶段。在这 1500 多年里，藏族文化的各个层面、各个领域都发生过巨大的变化，经历了曲折的发展过程。仅以居于社会统治地位的意识形态为例，在吐蕃王朝初期，居于统治地位的是苯教为代表的唯心主义世界观和神权思想。到吐蕃王朝中期，佛教为代表的唯心主义世界观和神权思想开始居于社会意识形态的主导地位。11 世纪以后，藏传佛教各教派逐渐占据了社会意识形态的统治地位。17 世纪以后，随着格鲁派领主对西藏政权的掌握，格鲁派在蒙藏地区的广泛传播，其世界观和神权思想也占据了藏族社会意识形态的主导地位，这种状况到 20 世纪 50 年代末以后才开始改变。随着西藏及其他藏区社会经济基础和上层建筑的巨大变革，马列宁主义、毛泽东思想在藏族社会意识形态中居于主导地位。尽管作为层次、环节众多的庞大的思想体系，藏族文化的全面发展变化必定落后于社会经济、政治结构急风暴雨式的变革，但其发展变革的洪流是任何力量都不可阻挡的。伴随着中国社会的快速发展，藏族社会正由传统走向现代化，其文化的发展呈现出加速度前进的态势。

藏族文化是各种文化相互学习、相互融合的结果。横亘亚欧大陆中部的青藏高原，既将古老的中华文明、印度文明、西亚与西方文明加以隔离，也成为这几大文明汇聚的焦点。青藏高原从远古时代起就是一个多元文明的汇聚地。6 世纪吐蕃王朝初期形成的藏族文化至少有这样几个来源：一是西藏

西部被称为象雄地区的文化，这一文化含有大量西亚，尤其是古波斯文化成分；二是游牧于青藏高原北部的羌族的文化；三是起源于藏东南森林地区，进而流传到拉萨河谷地区并日渐兴盛的雅砻文化。在吐蕃时期，藏族文化形成以后，受到了以佛教为标志的中原文化和印度文化的巨大影响。一种新的以佛教和苯教融合而成的藏传佛教文化为核心的藏族文化初现端倪（摘自中国藏学研究中心廉湘民）。

图 3　乌兰活佛府邸透视图

2　藏族建筑文化在中华民族建筑文化中的特殊意义

喜马拉雅文明从一百多年前逐步呈现于世界。越来越多的学科研究成果，让我们不得不赞叹这个文明的完整性、重要性、特殊性以及有可能对现代文明的重要的启发。

无论从前佛教时期的象雄文化对藏文化本质的塑造，再到佛教本土化创新对藏族文化的系统丰富和对原有本质的继承延续，以及藏族藏传佛教对社会经济、政治模式的完整塑造，我们不得不说，这可能是目前为止，未曾系统引入人类认知学科体系的，一个文化系统完整、历史延续有机、所处地理位置特殊、并在历史进程中融合多元文化而形成的伟大的人类文明。

藏族文化是喜马拉雅文明的主体，一个完整受佛教指导的文化系统，在相对极端的地

图 4　玉树康巴诺尊

理环境下，不仅塑造了人对自然的谦逊，藏人更融汇多元文化的精髓并创造性地形成了自身灿烂的文化。无论对藏文化形成模式的研究、藏文化本身的研究、藏文化研究对人类学科方法的完善、藏文化可能对人类认知学科的很多定式的突破和再塑，这一文化系统都充满了全人类的意义。这个意义并不仅仅是我们对文化多样化的丰富和尊重的需要，而是一个可能对现代人类造成重要影响和启发文明价值的认知和发现。

没有对喜马拉雅的特殊地理环境认识，不可能深刻理解藏文化形成的内在原因。藏文化的自然价值就在于本身对喜马拉雅的尊重、和谐、融入。

同样藏文化也一直是喜马拉雅特殊地理环境及生态系统的守护者和捍卫者。从全球生态系统的意义上，喜马拉雅的自然生态价值具有重要意义，而在这个全球重要意义中，藏文化的人文系统是整个生态系统的重要组成。这是一个让人类和谐于自然的人文自然生态体系。

我们认为这是喜马拉雅文明的第二层的全球价值。我们的事业就是以建筑和城市为立足点，探索喜马拉雅自然人文生态体系中，地理环境系统、自然生物系统、人居空间系统等硬件系体系与气候环境系统、自然资源系统、人文资源系统等软件体系的关系。

明轮藏建经过多年的设计创作和系统学习，借助本身的民族优势，从毫无感触的工作，逐步到感觉不同，以至于发现价值。一边理论研究，一边设计实践和田野考察，让我们完整明确了喜马拉雅建筑的学科结构。

同时，在这个颠覆教育模式的互联网时代，把藏文化放入历史时间的多元文化和空间地域的多元文化格局进行比较，构成了目前我们理性认识藏文化价值的重要方法。

3 明轮藏建与藏族建筑文化现代发展、传承

人类学的田野考察伴随明轮藏建的建筑设计遍及喜马拉雅地区，以建筑

图 5　禅古寺大经堂

人类学方法的建筑遗迹和非物质工艺技术遗存田野考察为根本，我们开展的多学科视野的人类学田野调查涉及语言学的方言民谣、民族学的生活方式服饰舞蹈风俗、社会学的社会历史调查、民间口述史和寓言故事、岩画及史前人类行为遗迹等内容。从人类学学科方法的完善意义上，喜马拉雅同样是个典型的研究案例，对人类学的方法也会有极大的推进完善。

另一方面，在我国繁荣的建筑市场，建筑师都在忙着做自己的现代项目。明轮藏建以玉树觉拉寺米拉日巴九层金殿为缘起，就一直做藏区各地的寺院建设的设计和顾问以及政府主导的有藏文化风格要求的文化建筑、旅游建设项目、民间资本投资的文化主题酒店等。

同时，明轮藏建完成了大量的藏族社会底层的民居设计。民居是文化生发的土壤，生活习惯和风俗民情都是民居的特定环境中延续和传递，这成了我们学习的方法和认识的突破口。设计实践让我们对研究成果有了更有建设性的认识，同时，研究成果是我们设计的灵感源泉。

我们深刻感受到现代建筑理论在喜马拉雅建筑的丰富内涵面前的狭隘和片面，如果用这样的理论研究喜马拉雅建筑和指导喜马拉雅现代建筑的设计，无疑是不公正的。

逐步提炼，通过学习分析比较、通过互联网接触当代最前沿的学科动态、科学发现、社会危机，我们用藏人朝圣的方式，拜求国内各个学术教育机构的学者专家，真诚倾诉、虚心求教，大胆提出我们的看法，得到他们的完善意见。

2006 年，明轮藏建设计公司注册成立，2011 年经历七年的申请及审批，明轮藏建研究会得到注册批准。明轮藏建用设计公司的营业利润，支撑研究会的研究经费。明轮藏建的每一位成员都将系统接收喜马拉雅建筑的再次教育，并形成建筑师和学者的双重认知体系。好的方法就是正确的方法，也是高效的方法。我们在成长中建立了对事业的信念和热爱。

图 6　西康佛教博物馆

经过多年的经营和研究，我们已稳步形成一套完整喜马拉雅建筑的学科思路，并针对性地建立学科研究的课题结构和研究规划，这是我们建筑师的设计思维逻辑优势，我们很好地指导了我们的事业规划。

同时，逐步明确了我们以五明文化全学科基础上的建筑观，并建立其喜马拉雅文明的物态体系——喜马拉雅建筑体系的建筑学说，并以黄河长江两河流域的华夏建筑体系和喜马拉雅建筑构成的建筑历史观。

在建筑学科的领域，我们比较西方学科中建筑学的学科地位，以及西方文明的特点针对性探索建筑的社会人文经济价值，提出了建筑学的学科视野的拓展，建立了以喜马拉雅文化视角的建筑观念的新领域，建筑东方哲学的诠释，提出以喜马拉雅建筑的现代进程启发和推进华夏建筑目前造成的千城一面的文化缺失及社会心理影响。

这些观点，经过几点的不断努力，逐步获得认同。明轮藏建是一个纯粹的民间机构，先后获得住建部、国家民委两部门及中国民族建筑研究会的认同和表彰，并于 2013 年获得中国民族建筑研究会常务理事的身份，这是对喜马拉雅建筑的认同和支持。而我们需要更多的力量和资源投入喜马拉雅建筑的思考。

2013 年明轮藏建调用全部资金，举办了首届藏式建筑艺术展。主题是喜马拉雅的生命之树，以人、族群、社会和空间、建筑、城市的对比，阐述建筑和城市理论的宏观生态意义，生态体系中人文、资源、环境的有机系统的循环概念。

2013年配合艺术展我们举办了第一次藏式建筑学术论坛，邀请国内建筑学科及藏学学科专家，探讨藏式建筑。同年，我们和中央民族大学岩画研究中心合作举办国际岩画工作坊，五大洲人类学家岩画学者齐聚青海西宁，会议建设性地对西藏岩画及喜马拉雅建筑史前行为做了比较，借此机会，我们完整阐述介绍了喜马拉雅文明和喜马拉雅建筑体系的关系，及喜马拉雅建筑历史文化研究中，西藏岩画的重要启发。我们也一直保持着同这些学者的联系，并正在尝试开展合作，第二届喜马拉雅建筑艺术展策划已经完成，主题是喜马拉雅的盛装，介绍喜马拉雅建筑对自然的生态态度，建筑是对大地的礼赞和盛装，荣耀大地的装点，有机和谐与自然，因对自然的服从而独具其建筑技术智慧和建筑美学特征。我们受邀正在和欧洲一些机构协商，计划在阿尔卑斯山举办一次喜马拉雅的建筑艺术展。以建筑为主体，并以建筑为载体，呈现藏族文化的空间场景，从生活、社会、信仰、艺术等，同时提出面对现代的反思和主动完善的可能。

图7　乌兰活佛府邸会客厅

4　憧憬和希望

通过叙述我们的历程和事业，了解藏族建筑文化的系统价值、文化价值、生态价值、发展价值。希望能够在系统的认识了解后，谋求共识和合作，并期盼得到帮助。弘扬喜马拉雅建筑文化是我们的责任，我们能做的就是力所能及地往前走，并最大限度地理性呈现他的价值与世界，让更多有能力的人和机构投入这个事业，这将启发我们过去观念的文明体系和建筑系统。

藏族建筑文化的系统价值是由其背景藏文化的系统价值以及藏式建筑所依存的特殊自然地理单元、生态自然环境决定并塑造的。

藏族建筑文化的这两个重要影响因素，无论是藏文化人文价值，还是喜马拉雅极地自然价值，在人类文明和地球生态中都是价值丰硕、独树一帜且和谐繁荣的。

藏族建筑文化系统是一个完整深刻烙印人类自然和人文本性的人类建筑文化系统，是凝聚并延续着谦恭的人文传统、敬畏的自然精神的人类人居实践典范。

价值丰硕、独树一帜、和谐繁荣是藏族建筑文化的系统价值成就。

喜马拉雅的藏式建筑系统实践了建筑本质的中性，在建筑系统中的凝聚和成长。

喜马拉雅的藏式建筑是建筑自我的实现和建筑自觉的典范。

喜马拉雅的藏式建筑自然有机地生长在大地上，透射着厚重真挚的人文情怀，质朴且庄严着大地。

通过 2014 年中国民族建筑研究会学术年会，我们设专题论坛——喜马拉雅建筑文化论坛，系统性地提出喜马拉雅建筑学说及意义，获得学术界主流的支持、政府机构的认可。喜马拉雅建筑田野考察活动获得民族建筑事业传承创新奖，标志着我们在国内同领域中得到了认同和支持。

2015 年 1 月，中国民族建筑研究会藏式建筑专业委员会受国家住建部和国家民委、中国民族建筑研究会的委托，以明轮藏建为核心筹备建立“中国民族建筑研究会藏式建筑专业学术委员会”。这是目前我国第一个少数民族建筑的专门学术研究机构，是对喜马拉雅建筑的系统研究的开始。我们将形成一个官方支持和推动、民间机构主导，学术自主的民族建筑研究机制，也同时将获得面向国际交流的制度许可。

这些年藏学发展迅速，但从建筑领域的藏学探索并不多，很多人也没有发现藏式建筑贯穿史前到象雄以形成完整的建筑内在性格和美学气质，后经历佛教时期，藏式建筑更丰富了文化内涵和艺术表现。藏式建筑系统完整，支系有机，藏族社会的多元文化构成和苯教、佛教对藏族文化的内聚力，在建筑上表现极为充分。藏式建筑的聚落空间组织的环境选择，是藏人对自然尊重的结果，以及藏族社会组织、伦理结构的客观表达。这其中，所内涵的生态价值和建筑空间组织的独特逻辑，不同于任何民族的建筑空间组织，而独具技术个性和美学特征。宏观生态意义和山地环境空间组织对城市理论的启发，是藏式建筑对现代建筑的重要意义，也是藏式建筑面向世界的实在价值，其次才是对丰富多样的人类文明的意义。

祈愿能够和更多的相关机构及人员，形成交流，达成合作，并以此把我们共同的声音带到更广大的范围。我们用恪守祈祷机缘，我们用坚韧实践心灵，我们用同样设计的思维，有意识地拓展我们未来的可能！